화학반응은 왜 일어나는가

전파과학사는 독자 여러분의 책에 관한 아이디어와 원고 투고를 기다리고 있습니다. 디아스포라는 전파과학사의 임프린트로 종교(기독교), 경제·경영서, 일반 문학 등 다양한 장르의 국내 저자와 해외 번역서를 준비하고 있습니다. 출간을 고민하고 계신 분들은 이메일 chonpa2@hanmail.net로 간단한 개요와 취지, 연락처 등을 적어 보내주세요.

화학반응은 왜 일어나는가

학교 수업으로는 알 수 없었던 화학의 기초

–

초판 1쇄 1994년 07월 10일

개정 1쇄 2024년 04월 20일

–

지 은 이 우에노 게이헤이

옮 긴 이 임승원

발 행 인 손동민

디 자 인 이지혜

–

펴낸 곳 전파과학사

출판등록 1956. 7. 23. 제 10-89호

주   소 서울시 서대문구 증가로18, 204호

전   화 02-333-8877(8855)

팩   스 02-334-8092

이 메 일 chonpa2@hanmail.net

홈페이지 www.s-wave.co.kr

ISBN 978-89-7044-661-5 (03430)

화학반응은 왜 일어나는가

학교 수업으로는 알 수 없었던 화학의 기초

우에노 게이헤이 지음 | 임승원 옮김

전파과학사

| 차례 |

1장

물체는 변화한다

만물은 유전(流轉)한다

화단에 뿌린 한 알의 씨에서 어느덧 쌍엽(雙葉)이 나오고 어엿한 금잔화로 자란다. 이 화초를 만들고 있는 재료는 어디서 온 것일까? 한 알의 씨 안에 그만한 재료가 있을 것 같지 않다. 그 재료는 사실은 물과 공기다. 조금 더 엄밀하게 말하면 공기 중에 함유된 탄산가스와 땅속에 함유되어 있는 물, 그리고 약간의 미네랄 성분이다. 그 밖에 또 한 가지 중요한 것으로 태양 광선이 있다.

이것들을 원료로 하고 태양 광선의 힘을 빌려서 화초는 쑥쑥 성장해 간다. 즉 자연의 힘으로 탄산가스, 물, 미네랄 등의 원료가 식물체 내에서 화학변화를 일으켜서 화초로 모습을 바꿔 간다.

"흘러가는 강물의 흐름은 그치지 않고 게다가 원래의 물이 아니다. 웅덩이에 뜬 물거품은 한편으로 없어졌다 한편으로 생겼다 하며 오래도록 머무르는 예가 없다. 이 세상의 사람과 주거(住居)도 또한 이와 같다"라고 압장명(鴨長明)이 『방장기(方丈記)』에 서술하고 있는 것처럼 만물은 유전하여 멈출 바를 모른다. 그러나 사람과 주거뿐만 아니고 이 세상의 모든 것이 유전하고 있다는 것을 흔히 간과하기 쉽다.

생물의 세계는 말할 것도 없고 만고불역(萬古不易: 영원히 바뀌지 않음)으로 생각하기 쉬운 바다와 산도 마찬가지다. 일본의 상징으로 칭송되는 후지산이라 해도, 또 지구의 배꼽으로 비유되는 오스트레일리아 에어즈락의 암산(岩山)이라 해도 십수억 년의 시간이 경과하면 비바람에

물체는 모두 변화한다

의해서 침식을 받아 그 형체가 바뀐다.

석회암인 카르스트(Karst) 대지(臺地)도 수천만 년간 세월의 흐름 속에서, 빗물의 침식 작용에 의해서 큰 동굴이 생기고 또 그 동굴 속에 종유석이 생성된다.

바닷물도 '온종일 너울너울'하여 아무것도 일어나고 있지 않는 것처럼 보이지만 그것은 표면만의 일이다. 아마존강이나 양자강처럼, 육지로부터 암석을 풍화시킨 대량의 탁한 물이 밤낮 쉴 새 없이 바다로 흘러들어 간다. 그럼에도 불구하고 바닷물의 주요 성분은 과거 수억 년동안 거의 바뀌지 않고 있다. 이는 대륙에서 해수로 흘러들어 간 미네랄 성분이 바닷물 속에서 복잡한 화학변화를 일으켜서 밑바닥에 침전되고 있음을 의미한다. 조용한 바닷속에서도 눈에 보이지 않는 곳에서 굉장히 큰 규모와 속도로 화학반응이 진행되고 있다.

목탄에 불을 붙이면 숯은 빨갛게 되고 연소하여 형체가 없어진다.

그 뒤에는 하얀 재가 남는다. 목탄의 대부분은 어디로 사라진 것일까? 목탄은 연소하여 탄산가스로 바뀌었다. 완전히 탈 수 없는 미네랄 성분만이 하얀 재가 되어서 남아 있는 것이다. 또한 목탄이 연소하기 위해서는 공기가 필요하다. 그 증거로 타고 있는 목탄을 숯 항아리에 넣어서 공기를 차단하면 불은 꺼진다. 조금 더 정확히 말하면 목탄이 연소하는 데에는 공기 중의 산소가 필요하다.

목탄뿐만 아니고 물체가 연소하기 위해서는 산소가 필요하다. 그러나 산소가 있다고 무엇이든 연소하는 것은 아니다. 목조 가옥은 연소하기 쉽고 콘크리트 집은 연소하기 어렵다. 목재는 연소하지만 돌이나 콘크리트는 연소하지 않는다.

철이 녹스는 것도 산소의 작용이다. 산소와 함께 수증기도 한몫을 한다. 반짝반짝하게 연마한 철은 습한 공기 중에서는 차츰 녹이 슬어 붉게 되지만, 금이나 은은 녹슬기 어려워 언제까지라도 빛을 잃지 않는다. 알루미늄도 녹슬기 어려우나 매실장아찌(우메보시) 등의 산(酸)에 약하여, 매일 매실장아찌를 넣고 다니는 도시락 그릇에 구멍이 뚫리는 일도 있다. 금속에는 정도의 차이는 있으나 이와 같이 녹스는 성질이 있다. 그러나 유리나 사기그릇은 녹슬지 않는다. 녹스는 것, 녹슬기 어려운 것, 녹슬지 않는 것 등 물질에 따라서 가지각색임을 알 수 있다.

녹이 슨다는 것은 산소가 붙는다는 것을 말한다

부패하는 것과 부패하지 않는 것

어머니가 모처럼 정성 들여 만든 좋은 음식도 냉장고에 넣어 두는 것을 잊어버려 하룻밤 사이에 상해 버리는 일도 있다. 부패해서 이상한 냄새가 나는 것은 미생물 때문이다. 음식물을 부패시키는 미생물은 눈에는 보이지 않지만 공기 중에 많이 떠돌아다닌다. 이들 미생물이 음식물에 뛰어들어 그 음식물을 먹이로 삼아 번식한다.

이러한 미생물은 냉장고 속에서는 얼어서 살아갈 수 없기 때문에 음식물이 부패하지 않는다. 그러나 실온에서는 계속 번식한다. 미생물에 먹힌 식품은 미생물의 체내에서 변화하여 나쁜 냄새나 맛을 낸다. 이것이 부패 현상이다. 음식물 외에도 부패하는 것이 많이 있다. 목재, 고엽(枯葉), 풀, 종이, 동물의 사체 등이다.

곰팡이, 지렁이, 구더기 등은 더러워서 사람들이 싫어하지만 이것들 덕분에 동물의 사체, 식물의 잔해는 자연히 완전하게 썩는다. 즉, 미생물이나 작은 동물에게 먹혀 최종적으로는 탄산가스, 수증기, 암모니아, 황화수소 등으로 분해된다. 만일 이러한 미생물이나 작은 동물이 없었다면 이 지구는 과거 수억 년 동안에 멸종한 동식물의 잔해로 가득 차서 지금과 같은 녹색의 지구는 상상조차 못 했을 것이다. 미생물이나 작은 동물은 우리에게 꼭 필요한 지구의 청소부이다.

한편 오랜 세월이 지나도 벌레에 먹히지 않고, 곰팡이도 생기지 않으며, 부패하지 않는 것도 있다. 예컨대 해안에 밀려온 플라스틱 용기, 나일론 양말, PVC 수도관 등이다. 유리나 사기그릇도 물론 부패하지 않는다.

부패하기 쉬운 것, 부패하기 어려운 것, 부패하지 않는 것 역시 물질에 따라 가지각색이다.

철은 연소하는가

앞에서 말한 것처럼 녹스는 속도는 상당히 느리다. 깨끗하게 연마한 철판의 표면에 붉은 녹이 생길 때까지는 며칠은 걸린다. 불을 사용하지 않는 일회용 회로(懷爐)도 철이 녹스는 성질을 응용한 것이다. 회로를 플라스틱의 겉봉지에서 꺼내서 비비면 종이봉투 안의 철 가루가 공기 중의 산소와 결합해서 산화철(쇠의 녹)이 된다. 즉 철 가루가 공기와 접촉함으로써 쇳녹 가루로 변하는 것이다. 그때의 열을 이용한 것이 일회용 회로이다.

철판이 녹슬 때에도 발열하지만 녹스는 속도가 매우 느리기 때문에 그 열을 느낄 수 없다. 같은 철이 녹스는 데에도 철판은 매우 느리고 철 가루는 비교적 빠르다.

철이 녹슬거나 일회용 회로가 발열하는 것은 철에 산소가 부착하기 때문이다. 목탄이나 휘발유가 연소하는 것도 이들 연료에 산소가 부착하기 때문이다. 철의 경우에는 '녹슨다'라고 말하고 연료의 경우에는 '연소한다'라고 말한다.

철은 연소하지 않는 것일까? 사실은 조건을 선택하면 철도 연소한다. 제철소의 용광로에서는 노글노글 녹은 철이 불꽃을 튀기면서 흘러 나온다. 이 용융된 철의 표면에서 공기와 접촉해서 철이 연소하고 있는 것이다. 선향 꽃불이 불꽃을 튀기는 것도 실은 철 가루가 연소하고 있는 것이다.

유리는 녹슬지 않는다고 말했지만 정말 녹슬지 않는 것일까. 오리엔트 고적의 발굴이 진행됨에 따라 기원전에 사용됐던 페르시아의 유리 그릇이 많이 출토되고 있다. 반 정도는 반투명으로 된 흐린 상태이다. 아마 만들어진 당시에는 깨끗하게 연마한 그릇이었던 것이 수천 년의 세월 동안에 유리 표면이 풍화되어 투명함을 잃은 것으로 생각된다. 즉 녹슬지 않고 변화하지 않는다고 생각한 유리도 충분한 시간을 주면 변화할 가능성이 있다는 것을 알 수 있다.

이와 같이 우리 주변에서는 여러 가지 것들이 변화한다. 매우 변화하기 쉬운 것이 있는가 하면 변화하기 어려운 것도 있다. 또한 변화하지 않는다고 생각되는 것도 충분한 시간을 주면 변화하는 것도 있다.

여기에서 '변화'라는 말을 극히 상식적으로 사용했으나 이 책에서는 조금 더 과학적으로 그 '변화'를 생각하고자 한다. 그 이전에, 다음 장에서는 변화하는 물질의 정체가 어떤 것인지 먼저 고찰하기로 한다.

2장

물질의 정체

1. 연금술

우리가 살고 있는 세계는 모두 물질로 되어 있다. 생물도, 무생물도 물질로 되어 있다. 즉 암석이나 바다와 같은 무생물이 있는 한편 동물이나 식물과 같은 생물도 살고 있다. 눈에는 보이지 않지만 공기도 물질의 하나이고 바이러스나 대장균과 같은 미생물도 생물의 동료로서 물질임에는 변함이 없다. 따라서 삼라만상(森羅萬象)은 모두 물질세계에서의 사건이다.

지구는 말할 것도 없고 우주를 구성하는 물질은 천차만별이나, 이들 물질을 구성하는 구성 요소를 조사하면 불과 100종이 채 안 되는 순수물질로 구성되어 있음을 알 수 있다. 이들 순수물질은 더 이상 간단한 것으로 분해할 수 없고 이것들을 원소(元素)라 부르고 있다. 예컨대 순수한 철, 순수한 알루미늄, 순수한 황, 순수한 탄소 등은 그 대표적 예이다.

이들 원소 중에 금(金)은 가장 역사가 오래되어, 고분 속에서도 금제품이 가끔 발견되고 있다. 금의 특징은 희소가치가 있음과 함께 아름답고 녹슬지 않으며 가공이 용이하다는 점이다. 고대에는 천연의 금괴, 사금(砂金) 등이 그 원료였으나, 산출량이 적기 때문에 어떻게 해서든지

다른 금속을 금으로 변화시키려고 많은 사람이 노력을 거듭했다.

현대 과학의 지식으로 보면 수은, 은, 납 등 하나의 원소를 다른 원소인 금으로 바꾼다는 것은 전적으로 불가능하지만, 유사 이래 수십 세기에 걸쳐 많은 사람이 금을 만들기 위해 헛된 노력을 계속해 왔다. 금을 만들어 내는 것을 연금술(鍊金術), 또 그러한 노력을 하던 사람들을 연금술사라고 불렀다.

연금술사들은 괴상한 도구를 사용해 생각할 수 있는 온갖 물질을 혼합하거나, 삶거나, 밀폐된 용기 속에 넣어 쪄 내거나, 햇볕에 방치하거나 하여 금을 만들어 내려고 시도하였다. 그들의 이러한 노력에서 물질의 변화, 또는 순수물질로서의 원소의 개념이 생겨난 것이다.

이렇게 집적된 지식은 18세기의 근대 과학에 계승되어 오늘날의 화학의 기초가 되었다. 즉 연금술은 금을 만들어 내는 데에는 성공하지 못했지만, 그 과정에서 얻어진 물질에 관한 지식은 근대 화학의 귀중한 기초가 되었다.

2. 원소

자연과학의 한 분야로서 화학이 탄생한 이래 약 200년 동안 많은 과학자가 새로운 원소를 탐구하였다. 그 과정에서 원소 중에서 서로 성질이 비슷한 물질이 많이 발견되었다. 예컨대 나트륨과 칼륨, 마그네슘과 칼슘, 금과 은, 아연과 카드뮴, 연소와 브롬 등이다.

1869년의 일이다. 러시아의 화학자인 드미트리 멘델레예프(Mendeleev)는 당시까지 발견되어 있던 60종 남짓의 원소를 그 성질에 따라 분류·정리한 분류표를 발표했다.

멘델레예프가 만든 분류표에는 〈표 2-1〉에서와 같이 몇 개의 빈칸이 남겨져 있었다. 이것은 그 당시에 알려진 원소 중에는 이들 빈칸에 들어가는 것이 없었다는 것을 말한다.

이 원소 분류표는 발표된 당시에 세계 화학자들의 뜨거운 관심을 끌었다. 물질세계를 구성하고 있는 자연의 질서가 모습을 나타내고 있음에 따라 이 표 속의 빈칸에는 아직 발견되지 않는 원소가 존재하고 있을 것이라고 예상했기 때문이다.

이 분류표는 오늘날 멘델레예프의 원소 주기율표라 불린다. 멘델레

열＼족	I	II	III	IV	V	VI	VII	VIII
1	수소							
2	리튬	베릴륨	붕소	탄소	질소	산소	플루오르	
3	나트륨	마그네슘	알루미늄	규소	인	황	염소	
4	칼륨	칼슘	?	타이타늄	바나듐	크로뮴	망가니즈	철, 코발트, 니켈
5	구리	아연	?	?	비소	셀레늄	브로민	
6	루비듐	스트론튬	이트륨	지르코늄	나이오븀	몰리브데넘	?	루테늄, 로듐, 팔라듐
7	은	카드뮴	인듐	주석	안티모니	텔루르	아이오딘	
8	세슘	바륨	디스프로슘	세슘				
9								
10			유로퓸	란탄	탄탈럼	텅스텐		오스뮴, 이리듐, 백금
11	금	수은	탈륨	납	비스무트			
12				토륨	우라늄			

표 2-1 | 멘델레예프의 주기율표

예프의 주기율표의 발표 이래 불과 100년 사이에 모든 빈칸이 메워지고, 우리들이 살고 있는 물질세계는 불과 100종이 채 안 되는 원소로 구성되어 있다는 것이 밝혀졌다.

빈칸이 메워진 원소의 주기율표를 〈표 2-2〉에서 볼 수 있다.

주기율표에 표시된 100종이 채 안 되는 원소 이외에도 무수한 순수물질이 알려졌으나, 이것들은 100종이 채 안 되는 원소가 일정한 비율로 결합한 것으로서 화합물이라고 말한다.

그림 3 | 원소와 화합물의 차이

예컨대 물은 아무리 순수해도 다시 산소와 수소로 분해할 수 있고, 그 결합 비는 1:2(산소:수소)이기 때문에 원소가 아니고 화합물이다. 산소, 수소는 더 이상 간단히 할 수 없기 때문에 원소이다. 화합물의 종류는 많다(400만 종). 이것은 알파벳의 영문자와 단어와의 관계와 흡사하다. 알파벳의 영문자는 불과 26자이지만 그 조합으로 만들어진 단어의 수는 수천만 개다.

물질세계를 구성하는 물질은 모두 이 원소로부터 만들어졌다. 불과 100종이 채 못 되는 원소의 조합으로 물질세계를 구성하는, 무한이라고 말할 수 있는 화합물이 완성된 셈이다.

그 가운데에는 물이나 공기와 같은 간단한 물질에서 암석이나 사람의 신체처럼 복잡한 물질까지 여러 가지가 있다. 이들 물질의 정체를 서술하는 데에 일일이 산소, 수소, 탄소, 칼슘, 나트륨이라고 쓰는 것은 매우 번거롭다.

족\주기	1	2	3	4	5	6	7	8
1	1.008 $_1$H 수소							
2	6.94 $_3$Li 리튬	9.0122 $_4$Be 베릴륨		원자 번호 원소명	12.011 $_1$Mg 마그네슘	원자량 원소 기호		
3	22.9898 $_{11}$Na 나트륨	24.3050 $_{12}$Mg 마그네슘						
4	39.0983 $_{19}$K 칼륨	40.078 $_{20}$Ca 칼슘	44.9559 $_{21}$Sc 스칸듐	47.867 $_{22}$Ti 타이타늄	50.9415 $_{23}$V 바나듐	51.9961 $_{24}$Cr 크로뮴	54.9380 $_{25}$Mn 망가니즈	55.845 $_{26}$Fe 철
5	85.4678 $_{37}$Rb 루비듐	87.62 $_{38}$Sr 스트론튬	88.9059 $_{39}$Y 이트륨	91.224 $_{40}$Zr 지르코늄	92.9046 $_{41}$Nb 나이오븀	95.94 $_{42}$Mo 몰리브데넘	(98) $_{43}$Tc 테크네튬	101.07 $_{44}$Ru 루테늄
6	132.9055 $_{55}$Cs 세슘	137.327 $_{56}$Ba 바륨	란탄족 원소* 57-71	178.49 $_{72}$Hf 하프늄	180.9479 $_{73}$Ta 탄탈럼	183.84 $_{74}$W 텅스텐	186.207 $_{75}$Re 레늄	190.2 $_{76}$Os 오스뮴
7	(223) $_{87}$Fr 프랑슘	(226) $_{88}$Ra 라듐	악티늄족 원소** 89-103	(265) $_{104}$Rf 러더포듐	(268) $_{105}$Db 더브늄	(271) $_{106}$Sg 시보귬	(270) $_{107}$Bh 보륨	(277) $_{108}$Hs 하슘

6	란탄족 원소*	138.9055 $_{57}$La 란탄	140.116 $_{58}$Ce 세륨	140.9077 $_{59}$Pr 프레오디뮴	144.242 $_{60}$Nd 네오디뮴	(145) $_{61}$Pm 프로메튬
7	악티늄족 원소**	(227) $_{89}$Ac 악티늄	(232.038) $_{90}$Th 토륨	(231.0359) $_{91}$Pa 프로트악티늄	238.029 $_{92}$U 우라늄	(237) $_{93}$Np 넵투늄

※ ( ) 속의 숫자는 동위 원소 중에서 반감기가 가장 긴 원소의 원자량을 나타낸다.

9	10	11	12	13	14	15	16	17	18
									4.0026 $_2$He 헬륨

금속 원소

비금속 원소

전이 원소

				10.81 $_5$B 붕소	12.011 $_6$C 탄소	14.007 $_7$N 질소	15.999 $_8$O 산소	18.9984 $_9$F 플루오르	20.179 $_{10}$Ne 네온
				26.9815 $_{13}$Al 알루미늄	28.085 $_{14}$Si 규소	30.9738 $_{15}$P 인	32.06 $_{16}$S 황	35.45 $_{17}$Cl 염소	39.948 $_{18}$Ar 아르곤
58.9332 $_{27}$Co 코발트	58.6934 $_{28}$Ni 니켈	63.546 $_{29}$Cu 구리	65.38 $_{30}$Zn 아연	69.723 $_{31}$Ga 갈륨	72.63 $_{32}$Ge 저마늄	74.9216 $_{33}$As 비소	78.96 $_{34}$Se 셀레늄	79.904 $_{35}$Br 브로민	83.798 $_{36}$Kr 크립톤
102.906 $_{45}$Rh 로듐	106.42 $_{46}$Pd 팔라듐	107.868 $_{47}$Ag 은	112.41 $_{48}$Cd 카드뮴	114.818 $_{49}$In 인듐	118.710 $_{50}$Sn 주석	121.769 $_{51}$Sb 안티모니	127.60 $_{52}$Te 텔루륨	126.905 $_{53}$I 아이오딘	131.29 $_{54}$Xe 제논
192.22 $_{77}$Ir 이리듐	195.084 $_{78}$Pt 백금	196.966 $_{79}$Au 금	200.59 $_{80}$Hg 수은	201.38 $_{81}$Tl 탈륨	207.2 $_{82}$Pb 납	208.980 $_{83}$Bi 비스무트	(209) $_{84}$Po 폴로늄	(210) $_{85}$At 아스타틴	(222) $_{86}$Rn 라돈
(276) $_{109}$Mt 마이트너륨	(281) $_{110}$Uun 다름슈타튬	(280) $_{111}$Uuu 렌트게늄	(285) $_{112}$Uub 코페르니슘	(284) $_{113}$Uut 우눈트륨	(289) $_{114}$Fl 플레로븀	(288) $_{115}$Uup 우눈펜튬	(293) $_{116}$Lv 리버모륨	(294) $_{117}$Uus 우눈셉튬	(294) $_{118}$Uuo 우누녹튬

150.36 $_{62}$Sm 사마륨	152.964 $_{63}$Eu 유로퓸	157.25 $_{64}$Gd 가돌리늄	158.925 $_{65}$Tb 터븀	162.500 $_{66}$Dy 디스프로슘	164.930 $_{67}$Ho 홀뮴	167.26 $_{68}$Er 어븀	168.934 $_{69}$Tm 툴륨	173.04 $_{70}$Yb 이터븀	174.967 $_{71}$Lu 루테튬
(244) $_{94}$Pu 플로토늄	(243) $_{95}$Am 아메리슘	(247) $_{96}$Cm 퀴륨	(247) $_{97}$Bk 버클륨	(251) $_{98}$Cf 칼리포늄	(252) $_{99}$Es 아인슈타이늄	(257) $_{100}$Fm 페르뮴	(258) $_{101}$Md 멘델레븀	(259) $_{102}$No 노벨륨	(262) $_{103}$Lr 로렌슘

표 2-2 | 원소의 주기율표

원소명	원소 기호	기호의 유래	원자량
알루미늄	Al	Aluminum(영어)	26.98
황	S	Sulfur(영어)	32.06
염소	Cl	Chlorine(영어)	35.45
칼륨	K	Kalium(라틴어)	39.10
칼슘	Ca	Calcium(영어)	40.08
산소	O	Oxygen(영어)	16.00
수소	H	Hydrogen(영어)	1.008
탄소	C	Carbon(영어)	12.01
질소	N	Nitrogen(영어)	14.01
철	Fe	Ferrum(라틴어)	55.85
구리	Cu	Cuprum(라틴어)	63.55
나트륨	Na	Natrium(라틴어)	22.99
마그네슘	Mg	Magnesium(영어)	24.31
인	P	Phosphorous(영어)	30.97

표 2-3 | 몇 가지 원소기호

그래서 화학자들은 각각의 원소에 부호를 붙이기로 하였다.

이 부호를 원소기호라 부르고 있다. 〈표 2-3〉에 몇 가지의 원소기호를 표시했다. 이것은 원소의 영어 명칭 또는 라틴어에 유래하는 것이 많으나 만국 공통의 기호이기 때문에 말은 몰라도 원소기호로 나타내면 의미는 통하므로 매우 편리하다.

2. 원자

이들 원소는 원자라고 부르는 미립자로 되어 있다. 원자란 화학적 수단으로 더 이상은 분할도 파괴도 할 수 없는 입자이다. 물론 사이클로트론(cyclotron)이나 원자로를 사용하면 원자를 구성하는 보다 더 작은 소립자(素粒子: 중성자, 양성자, 전자 등)로 분해할 수 있지만 그것은 원자핵물리학의 세계이고, 화학적 수단으로 도달할 수 있는 최소 단위는 원자이다.

각각의 원소에 원자가 대응한다. 즉 수소(H)라고 하는 원소에는 수소 원자가, 산소(O)라고 하는 원소에는 산소 원자가 대응한다. 원자는 미립자라고 하지만 눈에 보일 정도의 입자는 아니다. 그러나 원자의 존재는 확실하게 인정되어 있고 그 크기는 평균 1억분의 1cm 정도이다.

각각의 원자에 속하는 원자는 각각 나름대로 크기와 무게를 가지고 있다. 즉 수소 원자는 모두 같은 크기[0.74Å, 1Å(옹스트롬)은 1억분의 1cm], 같은 무게(1.67×10^{-24}g)를 가지고 있다. 산소 원자도 모두 같은 크기(1.48Å)와 무게(26.72×10^{-24}g)를 가지고 있다. 그러나 수소 원자와 산소 원자를 비교하면 그들의 크기와 무게는 다르다.

앞에서는 언급한 것처럼 원소 중에도 금이나 황과 같이 순수한 상태로 자연에서 발견되는 것도 있으나, 많은 경우 별개의 원소에 속하는 2종 이상의 원자가 결합해서 화합물을 이루는 것이 허다하다. 예컨대 수소 원자와 산소 원자가 결합하면 물이라는 화합물이 생긴다.

원자가 결합해서 화합물을 만들 때 원자와 원자의 결합비는 단순한 정수비가 된다. 예컨대 수소 2원자와 산소 1원자가 결합해서 물이 생긴다. 이것을 H_2O라 표현한다.

별개 원소에 속하는 2개 이상의 원자가 결합해서 화합물을 만들 때 그 결합비가 다르면 생성되는 화합물의 종류와 성질도 달라진다. 예컨대 수소 원자와 산소 원자가 결합할 때 2:1로 결합하면 물(H_2O)이 생기고 2:2로 결합하면 과산화수소(H_2O_2)가 생긴다. 물과 과산화수소의 성질은 전혀 다르다.

그러면 원자의 정체는 무엇일까? 개략적으로 말하면 3종류의 입자로 되어 있다고 생각할 수 있다. 그것은 양성자, 중성자, 전자이다.

양성자는 p라는 기호로 표시한다. 그 무게는 1.6725×10^{-24}g이고 1.60×10^{-19}C(쿨롬, coulomb)의 양전하(+전기)를 갖는다. 이런 작은 무게나 전하를 일일이 적는 것은 번거롭기 때문에 1.6603×10^{-24}g을 1원자질량단위(amu)라 약속하고 있다. 이 단위로 양성자의 무게를 표시하면 1.0073amu가 된다. 또 그 전하는 1.60×10^{-19}C을 1이라고 약속했기 때문에 양성자의 전하는 +1이 된다.

중성자는 n으로 표시하고 그 무게는 1.6748×10^{-24}g (1.0087amu)이

입자	기호	무게(amu)	전하(쿨롱)
양성자	p	1.0073	+1
중성자	n	1.0087	0
전자	e-	0.0005486	-1

표 2-4 | 원자를 구성하는 입자의 성질

며 전기적으로는 중성이다. 즉 전하는 0이 된다. 따라서 양성자와 중성 자의 무게는 거의 같고 전하만이 다르다.

전자는 e-로 표시한다. 무게는 9.109×10^{-28}g(0.0005486amu)이고 마이너스의 전하 -1.60×10^{-19}C(-1의 단위 전하)을 갖는다. 이렇게 전자 의 무게는 양성자, 중성자에 비하면 무시할 수 있을 만큼 작아서 무게 는 제로(0)라 보아도 된다. 그러나 전하에 대해서 관찰하면 양성자의 플 러스 전하를 꼭 중화할 만큼의 마이너스 전하를 가지고 있음을 알 수 있다.

〈표 2-4〉에 원자는 구성하는 3종의 입자의 성질을 정리했다.

상이한 원소에 속하는 원자는 그것을 구성하는 3종류의 입자의 수 가 다르다. 예컨대 수소 원자는 양성자 1개, 전자 1개로 되어 있고 중성 자는 갖지 않는다. 산소 원자는 양성자 8개, 중성자 8개, 전자 8개로 되 어 있다.

이 중에서 양성자와 중성자는 모두 원자의 중심에 있는 원자핵이라 부르는 부분에 하나의 덩어리로 존재한다. 그 평균적인 크기는 10만분 의 1Å이고, 양성자 수만큼의 단위 양전하를 가진다. 따라서 수소 원자

이온	농도 [1드럼(DRUM)의 해수 중의 g수]
양이온	
나트륨 이온(Na^+)	2130
칼륨 이온(K^+)	76
마그네슘 이온(Mg^{2+})	254
칼슘 이온(Ca^{2+})	80
스트론튬 이온(Sr^{2+})	1.6
음이온	
염화물 이온(Cl^-)	3796
브롬화물 이온(Br^-)	13
황산 이온(SO_4^{2-})	530
탄산수소 이온(HCO_3^-)	28
붕산*(H_3BO_3)	5.2

*붕산은 음이온은 아니나 편의상 음이온에 포함시켰다.

표 2-5 | 바닷물에 녹아 있는 주요 이온과 그 농도

핵은 +1, 산소 원자핵은 +8이 된다.

원자의 무게는 원자핵에 포함된 양성자와 중성자 무게의 합계와 거의 같다. 앞에서 말한 것처럼 전자의 무게는 작기 때문에 무시할 수 있다. 즉 수소 원자의 무게는 약 1amu, 산소 원자의 무게는 약 16amu가 된다.

원자핵은 그 양전하를 중화할 만큼의 전자를 원자핵의 주위로 끌어당겨 전기적으로 중성인 원자가 된다. 즉 수소 원자핵은 1개의 전자를 끌어당기고 산소 원자핵은 8개의 전자를 끌어당겨서 각각 전기적으로 중성인 수소 원자, 산소 원자가 된다. 따라서 원자핵 속에 포함되는 양

성자의 수에 따라서 원자 각각의 화학적 성질도 결정된다.

또한 전자의 수가 양성자의 수보다 많은 경우는 원자 전체가 (-)로 대전(帶電)하고, 이것을 음이온(anion)이라 부른다.

반대로 전자의 수가 양자의 수보다 적은 경우는 원자 전체가 (+)로 대전하고, 이것을 양이온(cation)이라 부른다.

바닷물 속에는 여러 가지 종류의 양이온, 음이온이 용해되어 있다. 〈표 2-5〉에 바닷물에 녹아 있는 주요 이온과 그 농도를 표시하였다.

전자는 원자핵을 에워싼 공간을 돌아다니고 있는데, 그 공간의 크기는 원자핵 지름의 10만 배이고 평균 10^{-8}cm의 크기이다. 원자핵을 골프공(지름 3cm)에 비유하면 전자는 골프공으로부터 3km 떨어진 공간을 돌아다니는 셈이 된다.

전자는 원자핵의 주위를 무질서하게 돌아다니고 있는 것은 아니다. (+) 전하를 가진 원자핵과 (-) 전하를 가진 전자 사이의 전기적 인력과 전자가 가지는 운동 에너지(원심력)가 균형을 이룬 하나의 궤도를 따라 돌고(회전운동) 있다. 전자의 원심력이 작을수록 원자핵 가까이를 돈다. 그래서 전자의 수가 많아짐에 따라 궤도의 수도 많아진다.

이러한 모양은 마치 태양계에서 거대한 질량을 가진 태양을 중심으로 지구를 비롯한 태양계의 행성들(수성, 금성, 토성, 목성 등)이 일정한 궤도를 따라 공전하는 것과 매우 흡사하다.

따라서 원자는 일정한 크기를 가지고 있다고 하지만 원자핵의 주위를 전자가 돌아다니기 때문에 그 크기란 정확히는 전자구름의 확산이

| 수소 원자 | 산소 원자 | 질소 원자 |

그림 2-1

라 말하지 않으면 안 된다. 예를 들어서 작은 캔디(원자핵)를 큰 솜사탕 (전자구름)으로 싼 것과 같다. 이러한 전자구름의 확산을 하나의 입자라 고 생각하면 수소, 산소, 질소 원자를 〈그림 2-1〉과 같은 공으로 표현 할 수 있을 것이다.

4. 화합물과 분자

2개 이상의 원자가 결합하면 화합물을 만든다. 같은 종류의 원자가 결합하는 경우도 있고 다른 종류의 원자가 결합하는 경우도 있다. 인간도 남녀가 따로따로 지내는 것보다 짝을 이루는 편이 보다 행복한 것처럼 원자도 단독으로 존재하는 것보다 화합물을 만드는 편이 에너지적으로 안정하다. 자연계의 모든 사건은 에너지적으로 보다 안정된 방향으로 진행한다.

원소 중에서도 헬륨, 네온 등 주기율표의 맨 오른쪽 끝에 있는 원소는 희유기체라 불리는데, 이들 원소는 원자의 상태가 가장 안정된 상태에 있기 때문에 짝을 이루지 않아도 안정하게 존재할 수 있는 몇 개 안 되는 원소이다. 즉 이들 원소는 원자 1개가 각각의 기체 상태로 존재하고 다른 원소와 결합하는 일도 없어 불활성 기체라고도 한다.

이에 반해 산소, 질소, 수소 등은 우리에게 낯익은 기체인데, 이것들은 각각 2개의 원자가 결합한 입자의 집합체이다. 즉 수소는 H-H로서, 산소는 O-O로서, 질소는 N-N으로서 존재한다. 수소 원자(H)로 존재하는 것보다 H-H(H_2라 적는다)로서 짝을 이루는 편이 에너지적으로 안

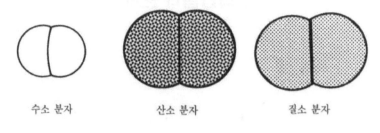

수소 분자   산소 분자   질소 분자

그림 2-2

정하기 때문이다. 수소 기체가 수소로서의 화학적인 성질을 보여 주는 것은 수소 원자(H)가 아니고 수소 분자(H_2)라는 입자에 의한다.

수소 분자, 산소 분자, 질소 분자를 앞에서 사용한 모델로 표현하면 〈그림 2-2〉와 같다. 즉 전자구름의 겹침으로 2개 원자의 결합이 표현된다.

이와 같이 2개 이상의 원자로 이루어지며, 원자들이 결합되었을 때 비로소 그 물질의 성질을 보여 주는 입자를 분자라 한다. 수소 가스, 산소 가스, 질소 가스는 어느 것도 2원자 분자로서 각각 H_2, O_2, N_2로 존재한다. 이에 반해 앞에서 말한 것처럼 헬륨(He), 네온(Ne) 등은 원자 1개가 곧 분자이기도 하기 때문에 단원자분자라 부르는 일도 있다.

만일 2종 이상의 상이한 원소에 속하는 원자가 결합하여 분자를 만드는 경우에 이 분자를 화합물이라 한다. 예컨대 물은 수소 원자 2개와 산소 원자 1개가 결합해서 만들어진 화합물로서 그 분자는 H-O-H(또는 H_2O)로 나타낼 수 있다. H_2O를 물의 분자식이라 부른다. 또 다른 예

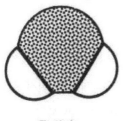
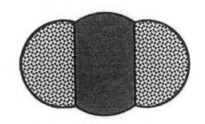

물 분자 　　　　　　　　이산화탄소 분자

그림 2-3

로 이산화탄소(탄산가스)는 탄소 원자 1개와 산소 원자 2개가 결합해서 만들어진 화합물로서 그 분자는 O-C-O(또는 CO_2)로 나타낼 수 있다. CO_2는 이산화탄소의 분자식이다.

물과 이산화탄소의 분자 구조를 앞에서 사용한 모델로 표현하면 〈그림 2-3〉과 같다.

물은 산소 가스(O_2)와 수소 가스(H_2)를 원료로 하여 만들어진 화합물이지만, 물의 성질과 산소 가스, 수소 가스의 성질에는 공통점이 전혀 없다. 즉 분자나 원자는 화합물을 만듦으로써 원래의 분자나 원자와는 전혀 다른 성질의 물질로 바뀌어 버린다.

또 별개의 예를 들어 보자. 숯은 탄소 원자의 집합체이다. 탄소 원자끼리는 화학결합으로 묶여 거대한 원자의 집합체를 형성하고 있다. 공기 중에서 숯에 불을 붙이면 타오르고 드디어는 없어져 버린다(이때 숯 안에 불순물로 포함되어 있던 미네랄 성분이 하얀 재로 남는 일이 있다). 없어진 숯은 산소 분자와 결합해서 이산화탄소라는 화합물이 된다.

숯은 검은 고체이고 이산화탄소는 무색의 기체이며 양쪽 사이에 화학적인 공통점은 전혀 없다.

숯이 공기 중에서 연소하여 이산화탄소로 바뀔 때에는 탄소끼리의 결합이 끊어지고 새롭게 탄소와 산소가 결합하기 때문에 원자 결합의 재편성이 일어나는 셈이다. 이러한 변화를 화학반응이라 한다.

5. 원자량과 분자량

그런데 원자는 앞에서도 말한 것처럼 각각 고유의 무게를 갖고 있다. 정확하게는 질량(質量)이라 한다. 원자 1개의 질량은 10^{-24}g이라는 작은 질량이기 때문에 일일이 작은 값을 사용하는 것은 번거롭다. 그래서 오늘날에는 탄소 원자의 질량을 12로 하고 이 표준에 대한 각 원자의 상대적인 질량을 나타내기로 약속하였다. 이 값을 각각 원소의 원자량이라고 한다.

예컨대 탄소의 질량을 12로 한 경우 수소는 1, 산소는 16, 질소는 14의 값이 된다. 주요 원소의 원자량을 원소기호와 함께 〈표 2-3〉에 나타냈다.

그러나 원자량을 상세히 조사하면 대부분 정수가 아니고 소수점 이하의 단수(端數)가 붙어 있음을 알 수 있다. 자연에 동위원소(동위체)가 존재하기 때문이다.

동위원소란 같은 원소에 속하면서 원자량이 다른 원소를 말한다. 예를 들어 수소에는 원자량 1, 2, 3의 수소가 존재한다. 각각 수소, 중수소, 삼중수소라 부른다. 수소의 원자핵은 앞에서 말한 것처럼 양성자

1개뿐이다. 이에 반해서 중수소의 원자핵은 양성자 1개와 중성자 1개로 되어 있다. 삼중수소는 양성자 1개와 중성자 2개로 이루어졌다. 따라서 그 질량비는 대략 1:2:3이 된다. 그러나 그것들이 천연에서의 존재비가 100:0.0156:0.0000001이라는 비율이기 때문에 그 평균적 질량은 1.008이라는 값이 된다.

앞에서 탄소의 질량을 12라고 말했지만 〈표 2-3〉의 원자량 표에서는 탄소가 12.01로 되어 있다. 이것도 탄소의 동위원소가 존재하기 때문이다.

자연계의 탄소는 원자량 12, 13, 14의 동위원소가 존재한다. 이 중에서 원자량 14의 탄소(원자핵은 양성자 6개, 중성자 8개)는 방사성이지만 자연계에서의 존재량은 극히 적고 대부분은 원자량 12의 탄소(원자핵은 양성자 6개, 중성자 6개: 존재비 98.89%), 나머지는 원자량 13의 탄소(원자핵은 양성자 6개, 중성자 7개: 존재비 1.108%)이다.

따라서 평균값을 취하면 12.01이 된다. 탄소나 수소는 인간의 신체를 구성하는 주요 원소이고 그 대부분은 원자량 1의 수소, 원자량 12의 탄소이지만 약간은 원자량 2의 수소, 원자량 13의 탄소도 포함하고 있는 것이 된다.

이 원자량에 적용된 방식은 분자에게도 확장시킬 수 있어 탄소를 12라고 하였을 때 각각의 분자를 구성하는 원자의 종류와 수에 따라서 그 분자 1개의 상대적 질량을 결정할 수 있다. 이것을 분자량이라 부른다.

예컨대 물의 분자식은 H_2O이므로 그 분자량은,

수소의 원자량 $(1.008) \times 2$
$+$ 산소의 원자량 $(16.00) \times 1 = 18.016$

이 된다. 또 이산화탄소의 분자식은 CO_2이므로 그 분자량은,

탄소의 원자량 $(12.01) \times 1$
$+$ 산소의 원자량 $(16.00) \times 2 = 44.01$

이 된다.

6. 몰(mol) 이야기

물의 분자량은 18.016, 이산화탄소의 분자량은 44.01이라고 해도 물의 분자, 이산화탄소의 분자 1개의 질량은 10^{-24}g의 자릿수이기 때문에 분자 1개의 질량을 저울로 측정하는 것은 거의 불가능하다. 그러나 분자를 많이 모으면 저울로 측정할 수 있다. 어느 정도 모으면 되는가 하면 그 양은 10^{23}개(정확히는 6.02×10^{23}개, 이 수는 아보가드로수라고 부른다) 정도 모을 필요가 있다.

수소 분자(H_2)를 6.02×10^{23}개 모으면 그 기체의 부피는 0℃, 1기압에서 22.4ℓ가 되고 그 질량은 2.016g이 된다. 이산화탄소(CO_2) 분자를 6.02×1023개 모으면 그 부피는 0℃, 1기압에서 역시 22.4ℓ가 되지만 그 기체의 질량은 44.01g이 된다. 수증기(H_2O)의 분자를 6.02×10^{23}개 노아노 그 기체의 부피는 0℃, 1기압에서는 역시 22.4ℓ가 되지만 그 질량은 18.016g이 된다.

어떠한 기체 분자라도 6.02×10^{23}개 모으면 그 부피는 0℃, 1기압에서 항상 22.4ℓ를 차지한다. 이것은 아보가드로의 법칙으로서 알려져 있다. 또 그 기체 22.4ℓ를 차지하는 분자의 질량은 이미 언급한 분자량에 g을 붙인 것이다. 역으로 말하면 그렇게 되도록 탄소 원자의 원자량을 12라고 결정한 것이다.

이와 같이 분자를 6.02×10^{23}개 모은 집합체를 몰(mol)이라고 한다. 즉 1몰이란 분자 6.02×10^{23}개의 집합체이고, 그 질량은 분자량에 g을 붙이면 되므로 매우 편리하다.

이러한 것은 슈퍼마켓에 가서 땅콩을 한 알씩 세어서 사는 것보다 한 봉지에 100g이라든가 500g으로 몰아서 사는 것이 편리한 것과 비슷하다. 가정의 연료로 사용하는 프로판가스는 프로판이라고 하는 분자의 집합체이다. 프로판의 분자 구조는 앞에서의 모델로 표현하면 〈그림 2-4〉와 같다.

이 설명도로부터 알 수 있는 것처럼, 이 표현법은 분자 구조가 조금 복잡해지고 분자를 구성하고 있는 원자의 수가 많아지면 그 구조를 알기 힘들어지는 결점이 있다. 즉 분자의 퍼짐에 대한 개념은 파악하기

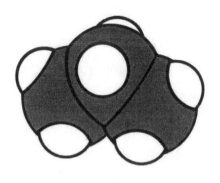

그림 2-4

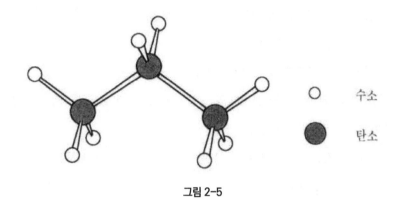

| ○ | 수소 |
| ● | 탄소 |

그림 2-5

쉬우나 원자끼리의 결합 상태는 알기 힘들다. 조금 더 추상화한 콩세공[豆細工]적 표현 쪽이 알기 쉽다. 콩세공적 표현에서는 전자구름의 퍼짐을 생략하여 단순하게 콩알로 표시하고 원자끼리의 결합은 성냥개비로 표시한다. 그렇게 하면 프로판의 구조는 〈그림 2-5〉와 같다. 이 편은 복잡한 분자의 구조를 표현하는 데에는 훨씬 쉽다. 이제부터 이 책에서 분자의 구조는 콩세공적 표현으로 나타내기로 한다.

프로판의 분자식은 C_3H_8, 그 분자량은 44.09이다. 따라서 프로판가스 1몰의 부피는 0℃, 1기압에서 22.4ℓ를 차지하고 그 질량은 44.09g이 된다. 프로판가스를 풍선에 넣어 그 무게를 달지 않아도 그 질량은 분자량으로부터 계산할 수 있게 된다.

몰의 사고방식은 기체 분자뿐만 아니고 액체 분자, 고체 분자에도 확장시킬 수 있다. 예컨대 액체의 물 1몰은 18.016g이 되고 그 속에 물 분자 6.02×10^{23}개가 포함되어 있다.

어떠한 기체 분자라도 개수가 같으면 부피도 같다

　물의 밀도는 1.0(1cm³ 또는 1m는 1.0g)이기 때문에 액체의 물 1몰 (18.016g)은 약 18mℓ의 부피를 가지나, 이 물을 증발시켜 수증기로 만들면 그 수증기의 부피는 0℃, 1기압에서는 22.4ℓ가 되는 것이다. 순수한 숯은 탄소 원자의 집합체라 생각할 수 있다. 탄소 원자량은 12.01이므로 탄소 1몰은 12.01g이 된다. 이 숯이 연소하면 산소와 결합해서 이산화탄소가 된다. 화학반응식으로 적으면

$$C \quad + \quad O_2 \quad = \quad CO_2$$

탄소 원자	산소 분자	이산화탄소 분자
원자량 12.01	분자량 16.00	분자량 44.01

로 표현된다.

탄소가 연소하여 모두 이산화탄소가 되었다고 하면 1몰의 탄소로부터 1몰의 이산화탄소가 생성된다. 다시 말해 12.01g의 숯이 연소하면 44.01g의 이산화탄소를 생성하는 것을 알 수 있다. 이와 같이 몰의 사고방식은 물질의 변화를 정량적으로 생각할 때 매우 편리하다.

3장

프로판가스는 왜 연소하는가

— 화학변화란

1. 프로판가스가 연소할 때

프로판은 원유를 정제해서 등유나 휘발유를 만들 때 부산물로 나오는 유기 화합물이다. 탄소나 수소로 구성되어 있고 등유나 휘발유와 같은 부류인 탄화수소라 부르는 유기 화합물의 하나이다. 그 분자 구조를 다시 콩세공 모델로 나타내면 아래 그림과 같다.

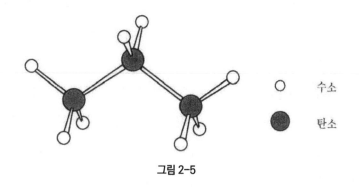

○ 수소

● 탄소

그림 2-5

프로판은 기체이지만 압력을 가하면 액체가 된다. 가정의 연료로 사용되는 프로판도 압력 용기에 들어가 있을 때에는 액체이다. 그러나 -42.1℃에서 끓어오르기 때문에 콕을 열면 쉽게 기화하여 조금씩 증발해서 프로판가스가 흘러나온다.

프로판의 분자식(C_3H_8)에서 그 분자량은,

$$탄소의\ 원자량(12.01) \times 3$$
$$+\ 수소의\ 원자량(1.008) \times 8$$
$$=44.09$$

가 되기 때문에 프로판가스 1몰의 질량은 44.90g이다. 또 1몰의 프로판이 기화해서 가스가 되었을 때의 부피는 0℃, 1기압에서 22.4ℓ가 된다.

이 프로판에 불을 붙이면 연소한다. 물론 불을 가까이 댄 것만으로는 연소하지 않는다. 공기를 충분히 공급하지 않으면 연소하지 않는다. 더구나 질소 기체 속에서는 연소하지 않고 산소 기체 속에서만 연소하기 때문에 공기 중의 산소가 프로판의 연소에 중요한 역할을 하고 있음을 알 수 있다.

물질이 연소한다는 것은 우리 주변에서 일어나는 자연 현상 중에서도 특히 불가사의한 현상이다. 인류는 탄생 이래 불을 불가사의한 것, 신성한 것으로서 두려워하고 숭상해 왔다. 그 때문에 왜 물질이 연소하는지에 관해서는 고대로부터 많은 억설(憶設)이 있었다.

그 가운데서도 17세기 말에 독일의 슈탈(G. E. Stahl)이 제창한 플로지스톤설(Phlogiston設)은 한 세대를 풍미하였다. 이 플로지스톤설에 따르면 가연성의 물질에는 플로지스톤*이라고 하는 물질이 함유되어 이

---

* '연소'라고 하는 의미

연소한다는 것은 산소와 반응한다는 것이다

물질이 공기 중으로 도망갈 때에 '연소'라는 현상이 일어난다는 것이다. 플로지스톤의 도망치는 방법이 격렬할수록 격렬한 연소가 일어난다.

금속이 연소하여 플로지스톤을 잃으면 금속 재(灰)가 되고, 금속 재가 플로지스톤과 결합하면 금속이 된다. 이와 같이 하여 플로지스톤설은 연소의 현상을 상당히 잘 설명할 수 있었던 것 같으나 위에서 말한 것처럼 금속이 연소하여 금속 재가 될 때 중량이 증가하는 것을 잘 설명할 수 없었다. 플로지스톤도 물질이라면 금속으로부터 도망간 뒤의 금속 재는 원래의 금속보다 중량이 감소되어야 할 텐데 오히려 중량이 증가하는 것이다. 그렇게 되면 플로지스톤은 음의 중량을 갖는다고 하지 않으면 안 된다.

이 플로지스톤설은 17~18세기에 걸쳐 100년간의 긴 세월 동안 믿

어온 학설로서 당시 학계의 상식이었다. 이것을 뒤엎는 것은 어려운 일이었으나, 프랑스의 천재 화학자 라부아지에(A. L. Lavoisier, 1743~1794)는 엄밀한 실험의 결과 '탈(脫) 플로지스톤 공기—1765년 영국인 캐번디시(H. Cavendish)가 그 존재를 알렸고, 마찬가지로 영국인 프리스틀리(J. B. Priestley)가 명명했다—야말로 1개의 원소라는 것을 밝히고 이것에 '산소'라고 이름 붙였다(1783년). 이 산소의 발견에 따라 연소의 현상이 올바르게 이해되고 근대 화학의 문이 열리게 되었다.

2. 물질은 불멸한다

그러면 프로판이 연소할 때 어떤 일이 일어날까? 먼저 알 수 있는
것은 연소에 수반해서 열이 발생한다는 것이다. 바로 이것 때문에 프로
판이 주방의 연료로서 또는 난방용 보일러의 연료로서 사용된다.

연소한 프로판이 어디로 사라져 버린 것일까? 프로판가스가 연소할
때 버너 위에 찬 주전자를 올려놓으면 주전자 바깥쪽에 물방울이 생긴
다. 이것은 프로판의 연소 배기(排氣) 속에 수증기가 포함되어 있다는 것
을 의미한다.

이 배기를 모아 석회수(石灰水)를 통과시키면 뿌옇게 흐려진다. 석회
수에 빨대를 꽂아 입김을 불어넣어도 똑같은 현상이 일어난다. 이것은
이산화탄소(탄산가스)가 석회수에 포함된 칼슘 이온과 결합해서 탄산칼
슘의 백색 침전을 생성하기 때문이다.

$$H_2O \quad + \quad Ca^{2+} \quad + \quad CO_2 \longrightarrow CaCO_3 \quad + \quad 2H^+$$

물 　　　 칼슘 이온 　　 이산화탄소 　 탄산칼슘 　　 수소 이온
　　　　　　　　　　　　　　　　　 (백색침전)

따라서 프로판가스의 연소 배기 중에서 수증기와 함께 이산화탄소도 포함되어 있음을 알 수 있다.

즉 프로판가스가 연소할 때에는 프로판과 산소가 결합해서 수증기와 이산화탄소를 생성한다. 그리고 동시에 열을 발생한다. 이때 일어나는 화학반응을 그림으로 나타내면 〈그림 3-2〉와 같다.

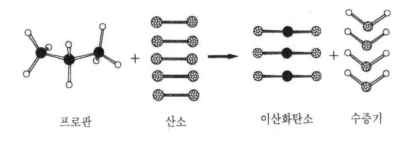

프로판   산소   이산화탄소 수증기

그림 3-2

일일이 이러한 콩세공 모델을 그리는 것은 번거롭기 때문에 화학자는 앞에서 말한 원소기호를 사용해서 다음과 같이 나타낸다.

$$C_3H_8 \ + \ 5O_2 \longrightarrow 3CO_2 \ + \ 4H_2O$$

프로판 산소   이산화탄소 수증기

1몰(44.09g 또는 0℃, 1기압에서 22.4ℓ)의 프로판이 완전히 연소하기 위해서는 5몰[160(=32×5)g 또는 0℃, 1기압에서 112(=22.4×5)ℓ]의 산소 분자가 필요하고 그 결과 3몰[132.03(=44.01×3)g 또는 0℃, 1기압에서 67.2(=22.4×3)]의 이산화탄소와 4몰[72.064(=18.016×4)g 또는 0℃, 1기압에서 89.6(=22.4×4)ℓ]의 수증기가 발생되는 것을 알 수 있다.

즉 프로판은 산소와 결합하여(이것을 우리는 프로판의 연소라 부른다), 그 결과 프로판 분자를 구성하던 탄소와 수소는 모습을 바꾸어 이산화탄소와 수증기가 된다. 탄소와 수소의 결합이 끊어지고 탄소와 산소, 수소와 산소 사이에 새로운 결합이 생긴다. 이와 같이 원자 간 결합의 재편성이 일어나는 것을 화학변화라 말하고, 화학변화의 과정을 화학반응이라 부른다.

커다란 바위를 분쇄하여 작은 모래로 만드는 과정은 암석을 구성하는 원자 간의 결합 상태에는 변화가 없기 때문에 화학변화는 아니다. 암석의 형태가 바뀌는 것뿐이기 때문에 이것은 물리변화이다. 얼음이 녹으면 물이 된다. 이 경우도 물 분자를 구성하는 산소-수소간의 결합에는 변화가 없기 때문에 얼음의 용해는 물리변화이고 화학변화는 아니다.

그러나 물에 2개의 전극을 꽂아서 직류 전류를 흘리면 (+)극에서는 산소 가스, (-)극에서는 수소 가스가 발생한다. 이 산소, 수소는 물 분자를 구성하고 있던 원자이고 전기를 통해 물 분자의 산소와 수소의 결합이 끊어져 산소와 수소가 발생한 것이다. 발생하는 것은 산소, 수소의 원자가 아니고 산소 원자, 수소 원자가 각각 2원자씩 짝을 이룬 기체 상태의 산소 분자, 수소 분자이다. 따라서 이 변화는 화학변화이고 물의 전기분해라 부른다.

$$2H_2O \xrightleftharpoons[\text{발전}]{\text{전기분해}} 2H_2 + O_2$$

물 수소 분자 산소 분자

여담이지만 이 화학반응을 역방향으로 진행시키면 전기를 발생시킨다. 물론 수소와 산소의 혼합물에 점화시키면 폭발적으로 반응하여 대량의 열을 발생시킬 뿐이고 전기를 끄집어낼 수는 없다. 특수한 전극판을 사이에 두고 수소 가스와 산소 가스를 반응시킴으로써 전기를 끄집어낼 수 있다. 이러한 장치를 연료전지(燃料電池)라 부른다. 연료전지는 연료가 갖는 화학 에너지를 직접 전기 에너지로 변환시키는 장치라 말할 수 있다.

화학반응으로 원자가 탄생하거나 없어지지는 않는다

앞에서 말한 것처럼 프로판이 연소할 내 완전히 연소하면 프로판을 구성하는 탄소와 수소는 모두 각각 이산화탄소와 수증기로 변화한다. 연소 과정에서 분자나 원자가 행방불명이 되는 일은 결코 없다. 연소뿐만 아니고 모든 화학변화의 과정에서도 분자나 원자가 행방불명이 되는 일은 없다. 또한 원료에 함유되어 있지 않았던 분자나 원자가 갑자기 생성물에 나타나는 일도 없다. 이것은 물질 불멸의 법칙으로 잘 알려져 있다.

헤어스프레이를 비롯한 스프레이 제품은 편리하기 때문에 가정에서도 흔히 사용한다. 이 스프레이 제품은 뿌리는 물질(헤어 세팅 액이나 살충제)을 프레온 또는 LP 가스라는 화학물질을 발사제(發射劑)로 사용해서 분출시키는 것이다.

프레온은 탄소, 수소, 염소, 플루오린으로 만들어진 화학물질로 약간 압력을 가하면 액체가 되고 또 약간 압력을 낮추면 쉽게 기체가 된다. 이 특성을 스프레이에 응용했다.

우리는 스프레이를 사용한 뒤 발사제인 프레온이 대기 중에 흔적 없이 사라졌다고 하여 그 행방을 잊고 있었으나 실은 결코 사라진 것이 아니었다.

프레온이라는 화학물질이 1930년대에 미국에서 최초로 생산된 이래 오늘까지 수천만 톤의 프레온이 생산되고 소비되었는데, 이것이 마지막으로는 대기 중에 휘발하여 없어졌다고 생각해 왔다. 그러나 이 프레온은 모두 대기 중에 계속 표류했고, 오늘날 성층권에서 태양의 자외선에 의해서 분해되고 지구상의 생물을 보호하고 있는 오존층을 파괴해서 환경 문제의 씨앗이 되었다. 여기에도 물질 불멸의 법칙은 살아 있는 것이다.

오늘날에는 스프레이의 발사제로 프레온 대신 LP 가스를 사용한다.

LP 가스는 유전에서 석유와 함께 나오는 천연가스를 압축·액화한

물질 불멸의 법칙

것으로서 쉽게 기화한다. 다만 가연성이기 때문에 불기운이 있는 곳에서는 화재의 위험이 있다.

목탄이 연소한 뒤에 하얀 재가 남는다. 남은 하얀 재는 목탄에 함유된 미네랄 성분(주로 탄산칼륨, 탄산나트륨 등)인데 목탄의 주성분인 탄소의 대부분은 흔적도 없이 사리진 것일까? 결코 그렇지 않다. 탄소는 모두 이산화탄소로 모습을 바꿔서 대기 중으로 흩어져 나갔다.

간이 인쇄기의 플래시벌브(flash bulb: 섬광 전구) 속에는 가느다란 금속박이 많이 채워져 있나. 스위치를 넣으면 순식간에 섬광을 빌하고 금속박은 없어진다. 그러나 섬광을 발하기 전후의 벌브의 무게를 측정하면 그 중량에는 변화가 없음을 알 수 있다. 그렇다면 없어진 금속박은 어디로 간 것일까? 금속박은 벌브 속의 산소와 결합하여 금속 산화물의 하얀 분말로 바꿔어 벌브의 내벽에 달라붙은 것이다. 원소기호를 사용

해서 벌브 속에서 일어난 반응을 표시하면, 금속박으로 마그네슘을 사용하고 있으므로

$$2Mg \quad + \quad O_2 \quad \longrightarrow \quad 2MgO$$

마그네슘   산소   산화마그네슘

(금속박)   (기체)   (하얀 분말)

로 표기할 수 있다. 이와 같이 물질의 화학적 변화를 기술한 반응식을 화학 방적식이라 한다. 방정식에서 좌변의 물질을 출발물질 또는 반응물이라 하고, 우변의 물질을 생성물이라 한다.

위의 반응식에서는 마그네슘과 산소가 반응물이고 산화마그네슘이 생성물이다. 마찬가지로 프로판의 연소 반응에서는 프로판 및 산소가 반응물, 이산화탄소와 수증기가 생성물이다.

이들의 반응식에서 좌변에 나와 있는 원자는 같은 수만큼 우변에도 반드시 나타난다. 좌변의 원자가 우변에서 갑자기 없어지거나 증가, 감소하는 일은 없다. 물론 좌변에 없는 원자가 우변에 갑자기 나타나는 일도 없다. 화학반응식에서 물질 불멸의 법칙은 이와 같이 표현할 수 있다.

마술의 세계에서는 재킷의 주머니에서 비둘기가 날아가거나 권총의 굉음과 함께 토끼가 사라지지만 이것은 어디까지나 마술의 기교에 불과하다. 물질의 화학변화는 물질을 구성하는 원자의 재편성이 일어날 뿐이고, 반응의 전후에서 새롭게 원자가 탄생하거나 없어지는 일은 없다.

3. 숯은 왜 천천히 연소하는가

프로판에 불을 붙이면 순식간에 타오른다. 한편 바비큐의 오븐에서 목탄에 불을 붙일 때에는 신문지나 작은 나뭇가지를 사용하거나 석유를 뿌려 불을 지핀다. 또한 일단 불이 붙은 뒤에도 전부가 타서 없어지기까지 상당한 시간이 걸린다. 그래서 목탄은 바비큐의 연료로서 편리하다.

프로판가스와 같은 기체 또는 휘발유, 등유, 알코올 등의 연료는 불이 붙기 쉽고 또 불이 붙으면 상당히 빨리 연소한다. 이에 반해 목탄, 석탄과 같은 고체 연료는 불이 붙기 어렵고 불이 붙어도 연소하는 속도는 느리다.

연소 속도에 차이가 생기는 이유는 무엇일까? 이것은 물질(연료)의 연소가 그 연료가 공기 중의 산소와 결합하는 현상이라는 것을 알면 쉽게 이해할 수 있다. 기체의 경우 공기*와 쉽게 혼합되어 연료의 분자와 산소 분자의 접촉이 치밀해진다. 액체 연료도 기화하면 기체와 마찬가지이다. 기화하기 쉬운 액체 연료일수록 연소하기 쉽다.

---

* 정확히는 공기 중의 산소

이에 반해 고체 연료는 산소와의 접촉이 연료의 표면에만 한정된다. 그만큼 산소와의 접촉 정도가 적은 것이다. 일반적으로 화학반응은 분자와 분자가 접촉해서 일어나기 때문에 분자끼리의 접촉이 치밀할수록 화학반응은 빨리 진행된다는 것을 이해할 수 있다.

이것으로 연소 속도의 차이는 연료 분자와 공기 중의 산소 분자의 접촉 난이(難易: 어려움과 쉬움)와 관계되고 있음을 알았지만, 그래도 프로판이나 목탄이 공기와 접촉하여 어째서 연소하는지 설명되지 않았다.

연료와 공기가 접촉하는 것만으로는 연소하지 않는다. 연소하는 데에는 그 계기가 필요하다. 예컨대 프로판가스와 공기의 경우, 성냥불이나 전기불꽃 등이 계기가 되어 연료는 타오른다. 기체, 액체, 고체로 됨에 따라 큰 계기가 필요하다. 가스의 경우 작은 전기불꽃으로도 바로 불이 붙는다. 등유나 알코올과 같은 액체 연료는 적은 전기불꽃으로는 무리이지만 성냥불이면 충분하다. 같은 액체 연료에서도 휘발유와 같이 휘발성이 높은 액체 연료는 휘발유가 증발하여 생긴 휘발유 증기가 연소하기 때문에 기체 연료일 때와 같은 정도의 작은 불꽃으로도 쉽게 불이 붙는다. 그러나 목탄이나 석탄과 같은 고체 연료는 신문지나 작은 나뭇가지와 같은 땔감을 사용하지 않으면 간단하게 불이 붙지 않는다.

연료가 연소할 때 착화(着火)의 계기란 무엇일까? 이것은 연료와 공기의 혼합물을 고온으로 가열한다는 것이다. 고온이 되어야 비로소 연료를 구성하는 분자가 산소와 결합하기 시작한다. 일단 산소와 결합하기 시작하면 발열하고 그 열에 의해서 연쇄적으로 그 주위의 연료 분자

물질명	끓는점(℃)	발화점(℃)	인화점(℃)
수소	-259.1	400	-
프로판	-42.1	450	-
알코올(에탄올)	78.3	365~220	12~50
휘발유	30~180	-	-45
등유	180~250	-	65~85
콩기름	-	450	280

표 3-1 | 여러 가지 물질의 연소에 관한 여러 성질

가 산소와 결합한다.

연료를 가열하면 차츰 온도가 올라가 산소와의 결합이 시작된다. 즉 연료가 자연히 연소하기 시작한다. 여기서 가열을 중단하였을 때 연료의 연소에 의해 발생하는 열이 그 연료를 그 온도 이상으로 유지하는 데에 충분하면 그 연료는 계속 연소한다. 만일 그때 발생하는 열보다 도망하는 열이 크면 가열을 중단함과 동시에 연료 연소의 세력은 차츰 약화되어 결국 꺼진다.

한편 그 물질의 온도가 충분히 높으면 연소하기 어려운 물질도 타기 시작한다. 예컨대 튀김 요리를 한창 하고 있을 때(180℃ 이하)에는 튀김 기름이 타오르는 일이 없다. 그러나 튀김 기름을 가스레인지에 올려놓은 채로 걸려온 전화에 열중하다 보면 화재가 발생하는 경우가 있는 것처럼 튀김 기름도 400℃ 이상이 되면 자연히 연소한다.

물질이 가열되어 자연히 연소하기 시작하는 온도는 물질의 종류에

따라 다르고 이를 발화점(發火點)이라 부른다. 여러 가지 물질의 발화점을 〈표 3-1〉에 나타냈다.

이에 반해 불을 가까이 접근시켰을 때 가연성 물질이 연소하는 것을 인화(引火)라 한다. 인화가 일어나는 최저 온도를 인화점이라 한다. 에탄올의 인화점은 실온보다 낮기 때문에 에탄올이 기체로 되지 않아도 불이 붙는다. 이에 반해 튀김 기름은 불을 가까이 해도 연소하지 않고 또 심지를 꽂아도 심지 부분만 가열되어 인화점에 도달해서 불이 붙기 때문에, 이것이 계기가 되어 전체가 타오르는 일이 없다.

석유난로의 연료는 등유이다. 등유의 인화점은 약 65~85℃로서 실온보다 높고 심지에 점화하면 심지 부분만 연소한다. 등유 탱크 속의 등유는 50℃ 이하하기 때문에 탱크의 등유가 난로의 불을 당겨서 연소하는 일은 없다. 그러나 불이 붙은 상태의 난로를 움직이거나 급유(給油)를 하면 등유가 엎질러져 불이 붙는 일이 있기 때문에 위험하다. 실수로 휘발유를 탱크에 넣고 점화하면 난로의 불이 탱크로 옮겨져 전체가 타올라 화재가 일어난다. 이것은 휘발유의 인화점이 0℃ 이하이기 때문이다.

4. 연소와 폭발

모르는 사이에 프로판가스가 새어 방 안에 꽉 찼을 때 스위치의 불꽃으로 폭발해 화재가 발생하는 사고가 가끔 일어난다.

이 가스 폭발도 연소의 한 모습으로 연료 가스와 공기가 폭발에 알맞은 비율로 혼합된 경우 한곳에서 연소가 일어나면 그 열에 의해서 주위의 가스·공기 혼합물에 차례로 연소가 전파되어 폭발하는 것이다.

프로판가스가 버너의 끝 부분에서 조용히 청색 불꽃을 내면서 연소할 때에는 버너의 점화구 바로 앞에서 공기가 혼입되고 있기 때문에, 버너의 불길이 프로판가스의 관을 역류해 봄베에 다다르는 일은 없다.

그런데 가스가 새어 나오고 있을 때에는 프로판가스와 방 안의 공기는 혼합되어 있고 그 한곳에서 스위치의 불꽃이 튀면 우선 그 장소에서 프로판의 연소가 시작된다. 그 연소에 의해 발생한 열로 주변의 프로판이 연쇄적으로 연소가 시작되고 불길은 순식간에 방 전체로 번진다. 이것이 폭발이다.

다행히 방 안에 흘러나온 프로판가스가 약간이면 가스의 연소는 방 전체로 번지는 일은 없다. 가스의 농도가 비교적 높은 부분에서만 연소

폭발은 혼합비가 어느 범위 내일 때만 일어난다.

가 일어나고 작은 폭발로 끝날지도 모른다.

또한 프로판가스가 방 안에 가득히 차서 방 안 공기의 대부분을 실외로 밀어낸 경우에도 그 방 안에서는 산소 부족으로 폭발에 이르지 않는 일도 있다.

프로판가스와 공기(산소)의 혼합이 일정한 범위 내에 있을 때 가장

가스	발열량 (kcal/g)	폭발 한계(용량%)	
		하한계	상한계
수소	34.2	4.0	75
일산화탄소	2.4	12.5	74
메탄	13.3	5.0	15.0
프로판	12.0	2.1	9.5
헥산	11.6	1.2	7.4
에틸알코올	7.2	3.3	19

표 3-2 | 여러 가지 가스의 폭발 한계(공기 중에서)

폭발이 일어나기 쉽고, 이것을 폭발 한계라 한다. 〈표 3-2〉에 여러 가지 가스의 폭발 한계를 나타냈다.

5. 자연의 흐름

이상의 것으로부터 연료가 연소한다는 것은 연료를 구성하는 분자나 원자가 공기 중의 산소와 결합한다는 것이고, 그때 열이 발생한다는 것을 알 수 있다.

또 연료와 공기를 혼합한 것만으로 연소는 일어나지 않는다. 불꽃을 튀기든가, 불을 붙이는 계기가 없는 한 타오르지 않는다는 것도 알았다.

그렇다면 연료의 분자, 원자가 산소 분자와 결합하면 어째서 열이 나오는 것일까? 견해를 바꾸면 산소 분자와 결합하여 발열하는 물질이 연료가 된다고도 말할 수 있다.

그 발열의 비밀은 뒤에서 설명하는 것처럼(제7장), 분자의 내부 에너지가 저장되어 있는 것이다. 지금 가장 간단한 예로서 목탄(탄소)이 연소할 경우를 생각해 본다. 화학반응 방정식으로 나타내면

$$C \ + \ O_2 \ \longrightarrow \ CO_2$$

탄소　　　　산소　　　　이산화탄소

라 적을 수 있다. 정밀한 측정에 따르면 1mol(12g)의 탄소를 연소시키

면 94.1kcal의 열이 발생한다. 1kcal의 열이란 1ℓ의 물의 온도를 실온 부근에서 1℃만큼 올리는 데에 필요한 열량이다.

칼로리라는 단위는 당뇨병의 식사 열량 계산 등에 널리 이용되고 있지만 학술적인 분야에서는 줄(joule)이 사용되고 있고,

$$1cal = 4.1855J$$

이라 정하고 있다.

탄소가 연소한다는 것은 탄소와 산소가 결합해서 이산화탄소를 생성한다는 것이다. 여기서 반응 탄소 1mol(12g)과 산소 1mol(16g)이 갖는 에너지(내부 에너지)의 합과 생성물질인 이산화탄소 1mol(44g)이 갖는 내부 에너지를 비교하면 반응물질 쪽이 더 많은 에너지를 갖고 있다.

〈그림 3-3〉에서와 같이 탄소와 산소가 결합해서 이산화탄소가 되면 그 여분의 에너지가 열로 발생한다. 94.1kcal의 열은 이와 같이 하여 나온 것이다.

물질의 내부 에너지가 작을수록 그 물질은 안정하다. 탄소와 산소가 따로따로 존재하는 것보다 양자가 결합해서 이산화탄소로 되는 편이 보다 안정하기 때문에, 무언가의 계기가 있으면 탄소와 산소는 결합하고 남은 에너지를 열로서 방출한다.

플래시벌브 속의 마그네슘과 산소도 마찬가지다. 금속 마그네슘과

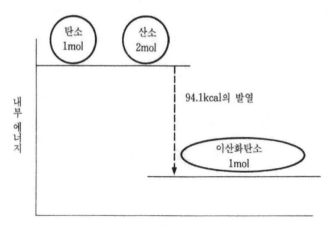

그림 3-3 | 내부 에너지의 비교

산소가 따로따로 존재하고 있을 때보다 양자가 결합해서 산화마그네슘으로 되는 편이 보다 안정하다. 그리고 이 반응에서 여분의 에너지는 열과 빛이 되어 도망간다.

세상의 자연현상은 모두 보다 안정한 상태로 옮겨 간다. 탄소와 산소가 나뉘어 존재하는 것보다 이산화탄소로 서로 결합하고 있는 것이 보다 안정하기 때문에 결합이 일어난다. 단지 탄소와 산소의 혼합물을 실온 부근에서 방치해도 반응은 간단히 진행되지 않는다. 천년만년 방치해도 눈에 보이는 변화는 일어나지 않을 것이다. 눈에 보일 만큼 빨리 변화를 일으키기 위해서는 고온으로 가열하든가 불을 지펴서 연소시키는 등의 계기가 필요하다.

플래시벌브 속의 마그네슘박과 산소의 경우도 마찬가지다. 단지 플래시벌브를 실온에 방치해 두면 반응은 진행되지 않는다. 변화를 일으키기 위해서는 전기를 흘려보내 필라멘트를 가열하는 계기를 만들어야 한다.

물이 높은 곳에서 낮은 곳으로 흐르는 것처럼 또는 열이 뜨거운 곳에서 찬 곳으로 흐르는 것처럼 에너지적으로 불안정한 상태의 분자에서 보다 안정한 상태의 분자로 변화해 간다.

4장

철은 연소하지 않는가

—화학반응 발생의 용이성

1. 연소의 용이성

우리 주변의 여러 물질은 타기 쉬운 것, 타기 어려운 것, 타지 않는 것으로 분류할 수 있다는 것을 앞에서 언급했다.

종이, 나무, 석유, 석탄, 프로판가스 등 타기 쉬운 것은 연료로 사용한다. 이들 물질이 산소와 결합할 때 대량의 열을 발생하는 것을 이용하고 있는 셈이다.

타기 어려운 것도 있다. 같은 플라스틱 제품이라도 슈퍼마켓의 화장실 등에서 사용하는 발포 폴리에틸렌의 하얀 접시는 불을 붙이면 검은 연기를 내면서 쉽게 연소하지만, 수도 호스나 장갑 등에 사용하는 폴리염화비닐(PVC)은 타기 어렵다. 또 실내의 커튼도 난연 가공 처리가 되어 있기 때문에 불을 가까이 대면 그을지만 불을 멀리 하면 불은 꺼진다.

또한 타지 않는다고 생각되는 것도 있다. 예컨대 타지 않는 쓰레기로 분류된 금속 부스러기, 유리, 도자기 등이다. 그러나 금속 부스러기가 정말 타지 않는 것일까?

금속도 여러 가지가 있으나 맥주나 주스가 들어간 알루미늄 캔도 산소에서 고온으로 가열하면 눈부실 정도의 빛을 내면서 탄다. 앞에서 나온 간이 인쇄기에 사용하는 플래시벌브 속의 금속 가닥은 실은 금속 마그네슘 박이다. 필라멘트에 전류를 통해 가열하면 마그네슘 박은 벌브 내의 산소와 순식간에 결합하여 섬광을 발한다. 즉 금속 마그네슘은 탈 수 있다.

제2차 대전 중 일본의 거의 모든 대도시는 미 공군의 소이탄(燒夷彈) 공격으로 잿더미가 되었는데, 그 소이탄의 하나로서 테르밋(thermite)이 라는 것이 있다. 알루미늄과 산화철의 분말을 굳힌 것이다. 신관(信管)으로 점화하면 굉장한 기세로 연소한다.

$$2Al \ + \ Fe_2O_3 \longrightarrow \ Al_2O_3 \ + \ 2Fe$$

알루미늄   산화철   산화알루미늄   철

물을 뿌리는 정도로는 이 불을 결코 끌 수 없었다. 또 간이 인쇄기의 플래시벌브에 사용되는 것처럼 마그네슘도 타기 쉬운 금속의 하나이다. 오늘날과 같이 스트로보 발광기(發光器)가 없었던 1930년대의 사진 스튜디오에서는 마그네슘 플래시가 상비품이었다. 금속 마그네슘 분말을 쇠 접시에 담고 라이터의 발광석으로 불꽃을 튀기면 접시 위에서 일 순간에 폭발함과 동시에 섬광을 밝힌다.

$$2Ma \ + \ O_2 \longrightarrow \ 2MgO$$

마그네슘   산소   산화마그네슘(백색 연기)

'펑' 하는 소리에 놀라 일순간 눈을 깜박이면 흰 연기 속에서 카메라맨이 나타난다. 나이가 든 사람들이라면 그립게 회상되는 기념사진 촬영의 한 장면이다.

그러면 철은 어떤가? 실은 철도 타는 것이다. 용광로 속에서 철광석이 환원되어 생긴 철은 녹은 상태로 노의 바닥에 고인다. 이 용융된 철이 노 바닥의 배출구에서 흘러나올 때에는 불꽃을 내면서 붉게 빛나며 세차게 나온다. 불꽃이 튀는 것은 용융된 철의 비말(飛沫)이 공기 중으로 날아가 산소와 결합해서 산화철이 되기 때문이다. 흐르고 있는 용융된 철의 표면도 공기와 접촉하기 때문에 계속 산소와 결합한다. 즉 철도 충분히 온도가 높으면 산소와 결합한다. 바꾸어 말하면 고온에서는 철도 탄다.

연마하여 반짝반짝 빛나는 부엌칼도 방치해 두면 차츰 붉은 녹이 생긴다. 이 붉은 녹은 철에 산소가 결합하여 생긴 산화철이다. 철이 녹슬 때에는 공기 중의 수분도 한몫을 하고는 있으나, 철이 녹슨다고 하는 것은 실온 부근에서도 충분한 시간을 주면 타지 않아도 산화가 일어날 수 있다는 것이다. 유리, 도자기나 암석에서도 그렇다. 이들은 산소와 결합하지는 않지만 결코 영구불변의 물질은 아니다.

우리가 살고 있는 지구에는 액체인 물과 산소나 이산화탄소를 함유하는 공기가 있어 이것들에 오랫동안 노출되면 역시 변화가 일어난다.

수만 년, 수억 년의 시간의 경과 속에서 석회의 산(山) 속에 커다란 동굴이 생기고 또 그 동굴 속에 종유석이 생기는 것도 물과 이산화탄소에 의한 석회석 침식의 결과이다. 공기 중에 함유된 이산화탄소는 빗방

울에 흡수된다. 그리고 이산화탄소가 용해된 빗물은 눈에 보일 정도의 속도는 아니지만 암석을 조금씩 녹인다. 우선 이산화탄소가 빗물이나 지하수에 녹아들면 다음의 반응으로 탄산수소 이온과 수소 이온을 생성한다.

$$H_2O \quad + \quad CO_2 \quad \longrightarrow \quad HCO_3^- \quad + \quad H^+$$

지하수 　　　이산화탄소 　　　탄산수소 이온 　　　수소 이온

생성된 수소 이온이 다음 반응에 따라서 석회석을 침식한다.

$$CaCO_3 \quad + \quad H^+ \quad \longrightarrow \quad Ca^{2+} \quad + \quad HCO_3^-$$

석회수 　　　수소 이온 　　　칼슘이온 　　　탄산수소 이온

이렇게 석회석의 산 속에 커다란 동굴이 생기는 것이다. 또한 동굴에서 뚝뚝 떨어지는 물방울 안에서는 위의 역반응이 일어나 다시 탄산칼슘(석회석)을 생성한다. 이것이 종유석이다.

루비(홍보석), 사파이어(청옥), 애미시스트(자수정), 오팔(단백석) 등 사람들을 사로잡는 아름다운 보석도 수억 년에 걸친 자연의 영위 속에서 일어난 암석 성분의 화학변화로 완성된 것이다.

이와 같이 우리 주변에 존재하는 물질에서 영구불변이라고 말할 수 있는 것은 아무것도 없다. 영구불변이라고 생각되는 것도 충분한 시간이 경과하면 역시 변화가 일어난다.

그러면 왜 화학변화에 빠른 것, 느린 것이 있을까?

2. 분자의 충돌과 화학반응

화학반응에서 분자, 원자의 재편성이 일어나기 위해서는 아무튼 서로 다른 종류의 분자, 원자의 만남이 없으면 안 된다. 마치 이 세상에 어울리는 커플 후보자가 있어도 그 두 사람이 만나지 않으면 그 커플이 탄생되지 않는 것과 마찬가지다.

분자, 원자가 만남이란 다름 아닌 분자, 원자의 충돌 바로 그것이다. 지금 기체의 경우를 생각해 보자. 예컨대 산소 가스, 수소 가스는 모두 가스이다. 산소 가스에서는 산소 분자(O_2), 수소 가스에서는 수소 분자(H_2)가 진공의 공간을 날아다닌다.

산소 가스와 수소 가스의 분자끼리 충돌하는 기회는

a) 각각 분자의 수가 많을수록

b) 각각 분자의 날아가는 속도가 빠를수록

크다는 것을 쉽게 상상할 수 있다.

이것을 초등학교 운동장에게 어린이들이 뛰어다닐 때의 상황에 비유할 수 있다. 예컨대 남자아이가 산소 분자, 여자아이가 수소 분자라 가정하고 운동장을 각자 나름대로 뛰어다닐 때 남녀 아이들이 서로

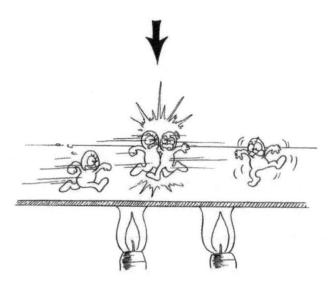

온도가 높을수록 분자는 충돌하기 쉽다.

부딪치는 일은 인원수가 많을수록, 달리는 속도가 빠를수록 많아질 것이다.

일정한 크기의 용기 속에 분자 수가 많은지 적은지는 기체의 압력으로 알 수 있다. 말할 것도 없이 기체의 분자 수가 적을수록 압력은 낮아

진다. 따라서 분자 수의 많고 적음은 그 기체 압력의 높낮이라고 바꾸어 말할 수 있고,

"충돌 기회는 기체의 압력이 높을수록 많아진다."

라고 말할 수 있다. 예컨대 0℃, 1기압의 산소 가스, 수소 가스는 둘 다 22.4ℓ의 용기 속에 6.02×10^{23}개의 산소 분자 또는 수소 분자가 날아다니고 있다. 만일 2기압이 되면 같은 부피의 용기 속의 산소 분자, 수소 분자의 수는 각각 2배가 된다.

그러면 분자가 날아다니는 속도는 무엇으로 알 수 있을까? 분자가 날아다니는 속도는 온도와 관계가 있다.

물리적으로 생각할 수 있는 최저의 온도는 −273℃로서 절대영도라 부르고, 이것보다 낮은 온도는 존재할 수 없다. 이 온도에서 분자, 원자는 한곳에 가만히 멈춘 상태가 된다.

온도가 높아짐에 따라서 조금씩 움직이다가 차츰 대담하게 활동할 수 있게 되고 마지막에는 진공의 공간을 자유로이 날아다니게 된다. 그 속도는 초속 수백 m가 된다.

일반적으로 물질을 구성하는 분자, 원자의 운동이 격렬할수록 그 물질의 온도는 높아진다. 고체나 액체는 기체 분자처럼 진공 속을 자유로이 날아다닐 만큼의 자유도는 없으나, 만원 버스에서 서로 밀치락달치락하는 것과 같은 상태에서 분자, 원자는 진동하고 있다. 〈표 4-1〉에 주요 기체 분자의 평균 속도를 표시하였다.

따라서 분자가 날아다니는 속도, 또는 그 입자가 갖는 운동 에너지

기체 분자	속도(m/s)
이산화탄소	378
산소	443
질소	474
수증기	590
수소	1768

표 4-1 | 주요 기체 분자의 평균속도(1기압, 25℃일 때)

는 그 기체 분자의 온도의 높낮이라고 바꾸어 말할 수 있고,

"충돌 기회는 기체의 온도가 높을수록 많아진다."

라고 말할 수 있다.

즉 기체의 분자 간 화학반응의 속도는 기체의 압력이 높을수록, 온도가 높을수록 커진다고 말할 수 있다.

화학반응이 일어나기 위해서는 2개의 분자, 원자가 충돌해야 한다는 것은 이해했으나 충돌한다고 해서 반드시 원자의 재편성이 일어난다고는 할 수 없다.

운동장에서 놀다 지쳐 흐느적거리는 아이는 충돌을 해도 상대방과 손을 잡을 힘도 없어 뿔뿔이 헤어지게 된다.

분자, 원자도 충돌했을 때 재결합의 여력이 남아 있어야 한다. 어떤 일정한 속도 이상의 분자, 원자가 충돌하여 비로소 새로운 결합이 생성된다.

예컨대 기체의 산소 분자에 대해 여러 가지 온도에서 산소 분자가

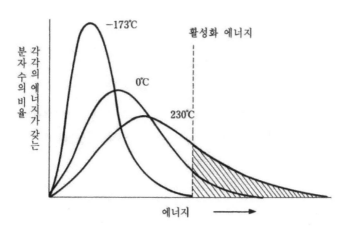

그림 4-1 | 여러 가지 온도에서의 산소 분자의 운동 에너지 분포

어떠한 크기의 운동 에너지를 갖는지를 보여 준 것이 〈그림 4-1〉이다.

운동장을 뛰어다니는 아이도 발이 빠른 아이, 느린 아이 가지각색이다.

기체 분자도 마찬가지여서 어떤 온도에서도 큰 운동 에너지를 갖는 분자에서 작은 운동 에너지를 갖는 분자까지 여러 가지가 있으나, 그 분자 수의 비율은 온도에 따라 결정되고 〈그림 4-1〉과 같이 분포되어 있음을 알 수 있다. 온도가 높을수록 높은 에너지를 갖는 분자 수의 비율이 증가한다.

화학반응은 어떤 일정 값 이상의 운동 에너지를 갖는 분자의 충돌에 의해서만 일어나고, 그러한 분자가 존재하는 비율은 〈그림 4-1〉을 보아도 알 수 있는 것처럼 온도가 높을수록 많다.

이 에너지를 활성화 에너지라 한다. 활성화 에너지의 크기는 화학

반응을 하기 위해서는 분자가 일정 이상의 에너지를 갖는 것이 필요하다

반응의 종류에 따라 다르고 활성화 에너지 이상의 에너지를 갖는 분자, 원자를 활성 분자, 활성 원자라 부른다. 〈그림 4-1〉에서 빗금으로 나타낸 부분이다.

예컨대 실온에서 산소 가스와 수소 가스를 혼합해도 폭발이 일어나지 않는다. 두 가지 기체가 혼합되면 산소 분자와 수소 분자의 충돌 기회는 있으나 산소와 수소가 결합해서 물이 되는 다음의 반응은 일어나지 않는다.

$$2H_2 \quad + \quad O_2 \quad \longrightarrow \quad 2H_2O$$

왜냐하면 실온 부근에서는 산소 분자도, 수소 분자도 이 반응에 필요한 크기의 활성화 에너지를 갖고 있지 않기 때문이다.

전기불꽃이나 성냥불 등을 가까이 하면 이것에 의해서 불꽃의 근처를 날아간 산소 분자, 수소 분자가 가열되어 활성화 에너지 이상의 에너지를 얻기 때문에 산소와 수소의 결합이 일어난다. 일단 결합이 이루어지면 그때 대량의 열이 발생하기 때문에 그 주위로 연쇄적으로 반응이 전파되어 일시에 폭발이 일어난다.

이상으로부터 화학반응의 속도는 활성 분자의 충돌 기회에 비례한다고 할 수 있다.

분자의 충돌이 일어나도 그 분자가 활성화 에너지 이상의 에너지를 갖지 않으면 화학반응은 일어나지 않는다. 그래서 분자가 갖는 에너지는 그 분자가 구성하는 물질의 온도와 밀접한 관계가 있음을 알았다.

이제 분자 충돌의 용이성에 관해 생각해 보자.

3. 분자 충돌의 용이성

공간을 자유로이 날아다니는 상태의 기체 분자끼리가 충돌하는 기회가 가장 많을 것이라는 것은 쉽게 상상할 수 있다.

분자, 원자의 수준에서 물질을 보면 기체 분자라고 하는 것은 기체 분자의 입자가 공간(진공) 속을 날아다니는 상태이다. 초등학교 아이들에 비유하면 아이들이 운동장을 자유로이 뛰어다니는 상태가 될 것이다.

그렇지만 0℃, 1기압에서 기체 분자는 22.4ℓ 속에 6.02×10^{23}개나 날아다니기 때문에 순수한 산소 가스 안에서 산소 분자끼리 충돌하는 기회가 상당히 많다는 것을 예상할 수 있다.

분자는 서로 아무렇게나 여러 방향으로 운동하기 때문에 극히 조금만 움직이면 바로 다른 분자와 충돌해서 진행 방향을 바꾼다. 게다가 용기 벽에 충돌하여 되튀는 것도 있다. 당구에서 공끼리 충돌하거나 벽에 부딪혀 공의 진로가 바뀌는 것과 같다.

첫 번째의 충돌에서 두 번째의 충돌까지 분자가 이동한 거리의 평균치를 평균 자유행로(自由行路)라 부른다. 〈표 4-2〉에 몇 가지 기체에 대한 평균 자유행로의 값을 나타냈다. 일반적으로 1기압 실온 부근에서

기체 분자	평균 자유행로(mm)
이산화탄소	0.0000433
일산화탄소	0.0000637
산소	0.0000702
수소	0.0001226
질소	0.0000655

표 4-2 | 1기압, 25℃에서 기체 분자의 평균 자유행로

기체 1m𝓁 속에서 분자 충돌 횟수는 1초에 10^{27}번이라는 막대한 횟수가 된다.

한편 고체 분자에서는 각각의 분자는 일정한 장소에 고정되어 있고 그 위치에서 달달 흔들리고 있는 상태이다. 다시 초등학교 아이들에 비유하면 교실 각자의 자리에 앉고 그 자리에서 떠나지 않는 상태이다.

고체 중에서 결정 상태라는 것이 있다. 결정에서는 분자가 규칙적으로 배열되어 있다. 이에 반해 비결정(부정형, 어모퍼스)에서는 분자 배열이 규칙성 없이 아무렇게나 배열되어 있다. 교실 내의 아이들 책상이 바둑판의 눈처럼 가로, 세로가 정연하게 배열된 것이 결정 상태, 교실 내의 아이들 책상이 각기 제멋대로 배열된 것이 비결정의 상태이다.

액체는 기체와 고체의 중간 상태로서 기체와 같이 자유로이 날아다닐 수 없으나 그렇다고 해서 고체처럼 일정한 위치에 고정되어 있지도 않다. 아이들이 자기 책상에서 떠나 있어도 교실 밖으로 튀어 나가지 않은 상태에 비유할 수 있다.

고체와 액체의 뚜렷한 차이는 액체는 용기에 따라 형태를 자유로이 바꿀 수 있으나 고체는 형태를 바꿀 수 없다는 점이다. 교실 안의 책상이 고정되고 그 배열이 결정되면 교실의 형태는 그렇게 간단히 바꿀 수 없지만 책상이 고정되어 있지 않으면 교실의 형태는 ○으로도 △으로도 자유로이 바꿀 수 있다.

분자 운동의 자유도는 기체가 크고 고체가 작다

이와 같이 기체, 액체, 고체의 순으로 분자 운동의 자유도가 작아진다. 이상에서 2종류 이상의 분자가 혼합된 경우 혼합의 용이성은 기체→액체→고체의 순으로 혼합되기 쉽고 분자끼리 충돌의 기회도 많은 것을 이해할 수 있다.

기체 분자끼리의 경우, 기체 종류의 여하에 관계없이 상이한 종류의 기체 분자는 균일하게 혼합되고 분자끼리의 충돌도 가장 일어나기 쉽다.

한쪽이 액체 분자인 경우 기체 분자가 이 액체 속에 용해될 수 있으면 액체 분자와의 충돌은 잘 일어날 수 있다. 기체 분자가 액체에 용해된다는 것은 기체 분자가 액체 분자의 집합체 속에 거둬들여지는 것이므로 충돌의 기회는 크다.

모든 기체 분자가 액체에 용해된다고는 할 수 없으나 용해되지 않는 경우에는 기체를 미세한 기포로서 액체와 접촉시킬 수도 있다. 거품이 작으면 작을수록 같은 부피의 기체 접촉의 총면적은 넓어진다.

그러면 액체끼리는 어떨까? 물과 알코올처럼 서로 혼합되는 액체끼리의 경우 분자 수준의 혼합이 일어나기 때문에 기체 분자의 경우와 마찬가지로 분자끼리의 충돌은 쉽게 일어난다.

그런데 물과 기름처럼 서로 혼합되지 않는 액체의 경우에는 두 성분의 분자 충돌은 물과 기름의 경계 면에서만 일어난다. 경계 면을 넓게 하기 위해서는 물속에 기름을 작은 기름방울로 분산시키든가, 반대로 기름 속에 물을 작은 물방울로서 분산시킬 필요가 있다. 앞의 것은 수중유적형(水中油滴型), 뒤의 것은 유중수적형(油中水滴型) 에멀션(emulsion: 유화액)이라 한다.

에멀션이란 우유나 화장 유액처럼 물과 기름이 밀크상(狀)으로 혼합된 것을 말한다. 밀크도 화장 유액도 물속에 기름방울이 분산된 형태인 수중유적형 에멀션이다. 물에 용해된 물질과 기름에 용해된 물질을 반응시킨 경우에도 에멀션의 상태로 반응시키면 반응이 잘 진행되기 때문에 공업적으로 널리 응용된다.

기체와 고체의 접촉면은 고체의 표면에 한정되기 때문에 이 조합이 화학반응은 가장 일어나기 어렵다. 철의 표면이 녹스는 것이나 목탄이 천천히 타는 것은 기체와 고체의 화학반응의 대표적 예이다. 철을 미세한 분말로 만들면 표면적이 넓어지므로 산소와의 반응이 빠르게 되고, 이 현상이 일회용 회로(懷爐)에 응용된다. 목탄의 연소가 느린 것은 산소

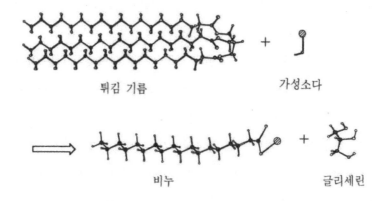

튀김 기름 + 가성소다

비누 + 글리세린

그림 4-2 | 비누를 만드는 화학반응

와의 결합이 목탄의 표면에서만 일어나기 때문이다. 목탄을 미세한 분말로 만들면 일순간에 타오른다. 흑색화약의 원료의 하나로서 목탄 분말이 사용되는 것도 그 때문이다.

고체 분자끼리의 반응은 가장 일어나기 어렵다. 이러한 경우 가끔 고체를 미세한 분말로 만들어서 혼합하거나, 고체를 물이나 용제에 녹인 용액으로서 반응시킨다.

예컨대 가정에서 튀김의 폐유로 비누를 만드는 것이 널리 행해지고 있다. 원료는 폐유와 가성소다이다.

가성소다의 화학명은 수산화나트륨($NaOH$)으로, 백색 고체이다. 피부를 부식시키고 의류를 너덜너덜하게 하기 때문에 독극물로 지정되고 있다. 직접 손에 대거나 얼굴이나 눈에 닿지 않도록 주의해서 취급해야 한다.

폐유는 액체, 가성소다는 고체이기 때문에 이대로 혼합시키면 화학 반응이 여간해서 진행되지 않는다. 그런데 편리하게도 가성소다는 물에 잘 녹는다. 물에 용해된 상태란 물 분자 속에 가성소다가 혼합되어 있다는 것이다. 가성소다가 물에 용해되면 물속에서는 나트륨 이온(Na^+)과 수산화 이온(OH^-)으로 나뉘어 물 분자 속에 분산되고 있는 것이다.

$$NaOH \xrightarrow{\text{물에 녹인다}} Na^+ \quad + \quad OH^-$$

가성소다 　　　　　　　　나트륨 이온　　수산화 이온

이 가성소다의 수용액과 튀김 폐유를 혼합시킨다. 원래 물과 기름이기 때문에 교반(攪拌: 휘저어 섞음)하는 동안은 우유처럼 하얗게 흐린 상태로 물속에 작은 기름방울이 분산되어 있지만, 교반을 중지하면 기름과 물은 두 층으로 분리되어 튀김 폐유 층은 가성소다 수용액의 위로 떠오른다. 그러나 교반을 계속하면 기름방울과 가성소다 수용액의 경계 면에서 분자의 충돌이 일어나 〈그림 4-2〉와 같은 화학반응이 진행된다.

비누는 물과 기름의 혼합을 도와서 에멀션을 생성시키는 기능을 갖고 있기 때문에 유화는 거듭 진행되어 두 성분의 접촉이 치밀해져서 비누가 계속 생긴다. 마지막에는 전체가 굳어진다. 간이 비누의 완성품이다.

폐유 비누를 만들 때 가성소다가 지나치게 많으면 비누 속에 가성소

반응시키기 위해서는 용해시키면 된다

다가 남아 손이 거칠어지거나 천이 상한다. 또 가성소다가 지나치게 적으면 비누 속에 반응하지 않은 폐유가 남아 비누로 씻은 뒤에도 끈적끈적한 느낌이 남는다. 폐유와 가성소다의 혼합 비율이 좋은 비누를 만드는 것이 중요하다. 기름의 종류에 따라 혼합 비율은 바뀌기 때문에 미리 소량의 실험으로 확인할 필요가 있다.

본격적인 비누는 이렇게 만든 조제(粗製: crude)의 비누를 염석(鹽析), 프레스 등의 방법을 사용하여 불순물을 분리해서 순도가 높은 비누를 뽑아내서 굳힌 것이다.

간이 비누의 경우에도 비누와 수분이 혼합된 채로 굳어져 있다. 굳기 전에 이 혼합물에 식염을 가하면 비누와 수분의 분리가 잘 되어 비누 성분만 식염수 위에 떠오르게 된다. 이 조작이 염석이다. 분리한 비누 속에 아직도 물방울이 함유되어 있기 때문에 비누 성분을 프레스에 걸어서 물을 짜서 비누의 순도를 높이는 것이다.

이야기가 본 줄거리에서 벗어났는데, 고체를 화학반응의 한 성분으로 하는 반응에 있어서는 적당한 용제로 녹여서 용액으로써 반응시키는 것이 화학반응에서 흔히 행해지고 있다.

물에 녹는 것은 수용액으로서, 기름에 녹는 것은 알코올·석유·벤젠 등의 유기 용제에 녹인 용액으로서 화학반응에 사용한다.

예컨대 초목을 삶은 즙액으로 섬유를 염색할 때 마지막에 명반으로 탈색 방지 처리를 한다. 명반은 고체 분말이기 때문에 섬유에 흡착된 색소와 반응시키기 위해서는 분말로서는 불편하다. 그래서 명반을 물에 녹여서 이 속에 염색된 섬유를 담가 탈색 방지 처리를 한다.

4. 빠른 반응

수소 가스, 프로판가스, 휘발유 등의 연소는 빠른 화학반응의 대표인 것들이다. 그 중에서도 가장 빠른 반응은 이들 가스의 폭발이다.

옛날에는 애드벌룬 등의 풍선에 수소 가스를 주입했다. 그러나 수소 가스가 새면 공기와 혼합하여 가끔 폭발 사고를 일으키기 때문에 오늘날에는 조금 무겁지만 폭발의 우려가 없는 헬륨 가스(He)를 사용한다. 헬륨 풍선이라면 곁에서 담배를 피워도 전혀 문제가 없다.

수소가 공기 중으로 새어 나와 폭발을 일으키는 반응은 수소와 공기에 함유된 산소와의 화학반응이다. 반응식을 적으면

$$2H_2 \quad + \quad O_2 \longrightarrow 2H_2O$$

라 할 수 있으나 실제로 일어나는 반응은 이렇게 간단하지 않다.

먼저 수소, 산소의 혼합 기체에 불꽃이 튀면 그것으로 운동 에너지를 얻은 수소 분자, 산소 분자의 충돌에 의해 반응이 개시된다(ⅰ). 충돌에 의해서 생성된 것은 수산화 라디칼(OH·)이라고 하는 입자이다.

안정한 분자에서는 원자 간의 결합에 2개가 한 쌍이 된 전자가 접착

제의 역할을 수행하고 있다. 전자가 쌍(pair)을 만들지 않고 분자, 원자 속에 존재하는 것은 매우 불안정한 상태이고, 이것을 라디칼(radical)이라 하며 화학식에 ·을 붙여서 나타낸다. ·은 전자 1개가 고립해서 존재하는 상태를 보여 준다. 수소 라디칼은 다름 아닌 수소 원자 바로 그것이다.

$$H_2 + O_2 \longrightarrow 2OH\cdot \ (\,i\,) \qquad\qquad (개시 반응)$$

$$OH\cdot + H_2 \longrightarrow H_2O + H\cdot \ (\,ii\,)$$
$$H\cdot + O_2 \longrightarrow OH\cdot + O: (\,iii\,) \qquad (전파 반응)$$
$$O: + H_2 \longrightarrow OH\cdot + H (\,iv\,)$$

$$2H\cdot + M \longrightarrow H_2 + M (\,v\,)$$
$$H\cdot + OH\cdot + M \longrightarrow H_2O + M (\,vi\,) \qquad (정지반응)$$
$$H\cdot + O_2 + M \longrightarrow HO_2\cdot + M (\,vii\,)$$

일단 라디칼이 생성되면 중성 분자에 충돌하여 또 다른 라디칼을 생성한다. 경우에 따라서는 1개의 라디칼에서 2개의 라디칼을 생성하는 일도 있다. 이와 같이 기하급수적으로 불안정한 라디칼이 증가한다(ii, iii, iv). 이것을 전파(傳播) 반응이라 한다.

라디칼은 불안정하고 기벽(M)에 충돌하면 즉각 없어져 버린다(v, vi). 소멸되지는 않아도 비교적 불활성인 라디칼($HO_2\cdot$)로 바뀐 것도 있으나(vii) 이러한 라디칼 소멸에 의해서 수소와 산소의 반응은 종결된다.

수소 가스가 버너의 끝에서 조용히 타고 있을 때에는 라디칼도 연소 가스의 흐름을 타고 불길 끝에서부터 소멸되어 가기 때문에 폭발에는 이르지 않는다.

수소와 산소의 반응이 폭발로 발전하는지의 갈림길은, 수소 라디칼(수소 원자)이 전파 반응에 의해서 계속 증가하는지 또는 정지 반응으로 소멸하는지 둘 중 우세한 쪽에 의해 결정된다.

앞 페이지의 식에서 알 수 있는 것처럼 전파 반응으로 라디칼이 기하급수적으로 증가하는 속도는 산소 농도가 높을수록 높기 때문에 산소 농도가 지나치게 낮으면 혼합 기체라도 폭발은 일어나기 어렵다. 또 정지 반응에도 폭발이 관여하고 있기 때문에 산소 농도가 지나치게 높아도 폭발은 일어나기 어렵다. 공기 중에 수소 가스가 부피의 비로 4.0~75% 혼합될 때가 가장 폭발하기 쉽다. 이것이 앞에서 언급한 폭발 한계이다.

이 조건에는 혼합 기체에 작은 불꽃이 튀어도 이것이 계기가 되어 개시 반응이 시작되고, 그 라디칼이 전파 반응으로 급격히 증가한다. 이들 반응은 발열을 수반하기 때문에 온도가 급상승하고 그 때문에 압력도 급상승한다. 이것이 폭발의 현상이다. 폭발이 되면 그 전파 속도는 일거에 초속 약 1,900m의 충격파로 되어 사방으로 퍼지고 큰 파괴력을 나타낸다.

프로판가스의 연소도 비슷하다. 버너로 연소시키면 조용히 연소하지만 가스 누설 사고에서는 가옥을 날려 버릴 정도의 폭발력을 보여 준다.

휘발유나 등유, 알코올의 연소도 빠르나 이들의 경우 액체가 그대로 연소하는 것이 아니고 액체가 증발해서 생긴 증기가 산소와 반응하는 것이다.

예컨대 석유난로는 난로의 심지에 적셔져 올라온 등유가 연소열로 기화하고, 기화된 등유의 증기가 공기와 혼합하여 연소하기 때문에 정확히 기체의 화학반응이다.

알코올램프도 마찬가지여서 램프의 심지를 따라 올라온 알코올이 열에 의해서 기화되고, 기화된 알코올의 증기가 공기와 혼합되어 연소한다. 따라서 알코올의 공급이 계속되는 한 무명실의 심지는 타지 않고 알코올의 증기만이 연소한다. 알코올이 없어지면 심지가 타기 시작한다.

5. 느린 반응

우리 주변에는 매우 진행이 느린 화학반응이 있다. 그 한 예가 철의 녹이다. 거울처럼 연마된 부엌칼도 1~2개월 사용하지 않은 채로 방치하면 표면에 얇게 붉은 녹이 생긴다. 이것은 철이 공기 중의 산소와 결합하여 산화철이 생겼기 때문이다.

$$4Fe \ + \ 3O_2 \longrightarrow 2Fe_2O_3$$

그러나 실제 반응은 이렇게 간단하지 않다. 왜냐하면 건조된 공기 중에서는 철은 여간해서 녹슬지 않기 때문이다. 공기 중의 수분도 중요한 역할을 한다. 그것은 습한 공기 속에서 비로소 철이 빨리 녹스는 것으로도 알 수 있다.

자세한 연구에 따르면 철의 표면에 흡착된 수분이 분자 수준으로 얇은 막을 만들어서 철의 표면을 덮고 이 물의 박막(薄膜)에 산소가 녹아들어 간다. 산소는 물과 다음과 같이 반응한다.

$$O_2 + 2H_2O \ + \ 4e^- \longrightarrow 4OH^- \qquad (i)$$

산소 　 물 　 전자 　 　 수산화 이온

녹의 메커니즘

여기서 전자(e-)는 철에서 흘러나온다. 즉

$$Fe \longrightarrow Fe^{2+} + 2e^- \qquad (ii)$$

철 　　　　철 이온 　　　　전자

위의 2개의 반응이 서로 인접해서 일어나면 그 경계에서는

$$Fe^{2+} + 2OH^- \longrightarrow Fe(OH)_2$$

철 이온 　　　수산화 이온 　　　수산화제일철

의 반응이 일어나서 수산화제일철이 생긴다. 이것은 백색의 분말이지
만 공기 중에서는 산소에 의해서 쉽게 산화되어 산화철(Fe_2O_3) 유사체
(類似體)로 바뀐다. 실온 부근에서의 철의 녹은 이와 같이 하여 생기는

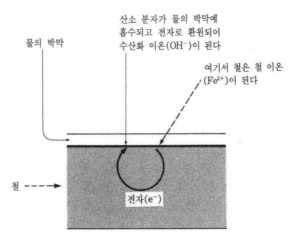

물의 박막

산소 분자가 물의 박막에
흡수되고 전자로 환원되어
수산화 이온(OH^-)이 된다

여기서 철은 철 이온
(Fe^{2+})이 된다

철

전자(e^-)

그림 4-3 │ 철 녹의 생성

것이라고 생각된다(〈그림 4-3〉).

또한 녹이 슬 때 이것을 촉진하는 성분이 있으면 한층 녹슬기 쉽다
는 것도 알려져 있다. 예컨대 대기 오염이 심한 곳, 또는 바닷속이나 해
안에 가까운 곳에서 녹슬기 쉬운 것은 잘 알려져 있다. 대기 오염의 주
요 성분의 하나인 이산화황은 철의 표면에서 산화되어 삼산화황이 되
고 이것이 철의 표면에 흡착된 수분에 녹아들면 황산이 된다.

$$2SO_2 \ + \ O_2 \longrightarrow 2SO_3$$

이산화황　　　산소　　　　삼산화황

$$SO_3 \ + \ H_2O \longrightarrow H_2SO_4$$

삼산화황　　　물　　　　　황산

이렇게 만들어진 황산이 철이 녹스는 것을 촉진한다.

바닷물 속의 소금도 녹을 촉진시키다. 소금이 철의 표면에 흡착된 수분에 녹아들면,

$$NaCl \longrightarrow Na^+ + Cl^-$$

소금(염화나트륨)　　　　나트륨 이온　　염소 이온

과 같이 이온으로 해리되고, 생성된 염소 이온이 철의 산화 반응을 촉진하는 것이다. 눈이 내리면 도로의 눈을 녹이는 데 염화나트륨이나 염화칼슘을 살포한다. 그 때문에 자동차의 차체가 녹슬기 쉬워진다.

그러나 고온에서는 철의 표면에 산소 분자가 충돌하여 직접 산화철을 생성한다. 즉 고온에서는 철이 녹스는 데 수분이 필요 없게 된다.

$$4Fe + 3O_2 \longrightarrow 2Fe_2O_3$$

고온의 철　　　산소　　　　　산화철

온도가 높아지면 활성화 에너지 이상의 에너지를 갖는 철 원자나 산소 분자의 비율이 많아지므로 철의 산화 반응도 빨라진다. 철을 빨갛게 달군 상태로 가열해서 공기 중에 방치하면 녹의 발생은 눈에 보일 정도로 빨라진다. 용광로에서 세차게 내뿜는 용융된 철이 붉은 불꽃을 튀기면서 흘러나올 때에는 철의 표면에서 이러한 산화 반응이 일어나는 것이다.

또 철 덩어리를 아주 미세한 분말로 분쇄하면 표면적이 넓어지기 때

문에 산소와의 반응도 눈에 띄게 빨라진다. 그래서 산화 반응이 빨라지면 그 자체의 발열도 현저해진다. 일회용 회로는 이 현상을 이용한 것이다. 지나치게 산화가 빠르면 단시간 내에 발열이 끝난다. 그래서 한꺼번에 열이 발생하기 때문에 회로가 지나치게 뜨거워져 화상을 입는다. 그렇다고 해서 지나치게 산화가 느리면 오랜 시간 따뜻하지만 발열이 매우 약해져서 회로의 기능을 하지 못한다. 시판되는 일회용 회로는 겉 봉지를 찢은 다음부터 약 24시간 따뜻하게 할 수 있는 정도로 철 가루의 산화 반응 속도를 조절하고 있다.

5장

순간적으로 빛나는 플래시벌브

— 반응이 어떻게 진행되는가(속도론)

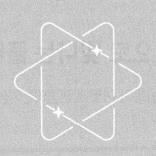

1. 화학반응의 메커니즘

높은 산의 물은 높은 데서 낮은 데로 흘러간다. 이것은 지구의 인력으로 물이 낮은 데로 끌어당겨지기 때문이다.

물의 흐름으로 일을 시킬 수 있다. 시냇가에서 물레방아를 돌리는 것도, 수력 발전소에서 터빈을 돌려서 발전을 하는 것도 물이 높은 곳에서 낮은 곳으로 흐르는 성질을 이용한 것이다.

물이 높은 곳에 있을수록 많은 일을 시킬 수 있다. 즉 높은 곳에 있는 물은 그만큼 많은 에너지를 갖는 것이 된다. 이것을 위치 에너지(potential energy)라 한다. 산 정상에 내린 비가 그 산의 지형에 따라 어떤 것은 폭포처럼 단숨에 백 수십 미터 아래로 떨어지고 어떤 것은 고원이나 골짜기의 가느다란 흐름으로 천천히 흘러내려 간다.

처음에 산꼭대기의 물이 지니고 있던 위치 에너지는 같아도 흘러 떨어지는 속도는 그 지형에 따라 다르다.

석유, 석탄은 공기 중에서 잘 연소하여 이산화탄소와 물로 변한다. 이때 대량의 열이 발생한다. 이산화탄소나 물보다 석유, 석탄이 많은 에너지를 갖고 있고, 연소에 의해서 그 차액의 에너지가 열로 변화했다고 생각할 수 있다.

석유, 석탄은 산의 정상에는 없지만 그 자체에 에너지를 갖고 있다. 이것을 화학 에너지라 한다. 석유, 석탄과 산소가 갖는 화학 에너지와 이산화탄소, 수증기의 화학 에너지의 차이가 열 에너지로서 방출되는 것이다.

반복되는 이야기가 되겠지만 에너지에는 여러 가지 형태가 있다. 위치 에너지, 화학 에너지, 열 에너지 이외에 전기 에너지, 빛 에너지, 전파 에너지, 운동 에너지 등이 있고 서로 형태를 바꿀 수 있다.

수력 발전소에서는 물의 위치 에너지를 전기 에너지로, 화력 발전소에서는 석유와 석탄의 화학 에너지를 일단 열 에너지로 변화시킨 다음 전기 에너지로 변화시킨다.

태양전지는 태양광이라고 하는 빛 에너지를 직접 전기 에너지로 바꾸는 장치이고, 가솔린 엔진은 석유가 갖는 화학 에너지를 운동 에너지로 바꾸는 장치이다.

화학반응에서는 반응물질이 화학변화를 일으켜서 생성물로 변화한다. 반응물질이 갖는 화학 에너지와 생성물질이 갖는 화학 에너지는 같지 않은 경우가 많기 때문에 화학반응에 수반하여 에너지의 출입이 일어난다. 발열 현상이 되는 것도 있고, 빛 에너지를 발생하는 발광 현상이 되는 것도 있다. 또 드물지만 흡열 현상이 나타나는 것도 있다.

따라서 앞에서도 언급한 것처럼, 같은 위치 에너지를 지닌 물이 그 지형에 따라서 떨어지는 속도가 다르듯이 같은 화학 에너지를 지닌 화학물질에서도 화학반응이 일어나는 메커니즘의 차이에 따라서 화학반응이 빨라지거나 느려진다. 특히 기체나 액체와 같이 분자끼리 자유로이 충동할 수 있는 반응에서는 역으로 화학반응의 속도를 조사함으로써 그 화학반응의 메커니즘을 조사할 수 있다.

2. 반응 속도의 비교

설탕과 식초는 요리의 맛을 내는 데 꼭 필요한 조미료이다. 설탕(자당)은 사탕수수에서 짜낸 감미 성분으로 그 화학 구조는 〈그림 5-1〉과 같이 탄소, 산소, 수소로 구성된 복잡한 유기 화합물이다. 이 구조를 상세히 조사하면 설탕 분자는 1분자의 글루코오스(glucose: 포도당)와 1분자의 프룩토오스(fructose: 과당)가 결합되어 이루어진 것을 알 수 있다.

식초의 주성분은 아세트산으로 그 화학 구조는 〈그림 5-2〉와 같고 역시 탄소, 산소, 수소로 구성되어 있다. 아세트산은 물에 용해되면 수소 이온과 아세트산 이온으로 분리된다. 이 현상을 이온 해리(解離)라 한다.

식초가 신 것은 해리하여 나온 수소 이온 때문이다. 신 음식물에는 반드시 수소 이온이 함유되어 있다. 요리의 맛을 내는 데에도 없어서는 안 되는 요소이다.

수소 이온은 수소 원자에서 전자가 튀어 나간 다음에 남은 것으로 수소 원자핵이 바로 그것이다. 가장 간단한 물질이고 또 가장 작은 이온임에도 불구하고 화학적으로는 신출귀몰하여 여러 가지 화학반응 중에

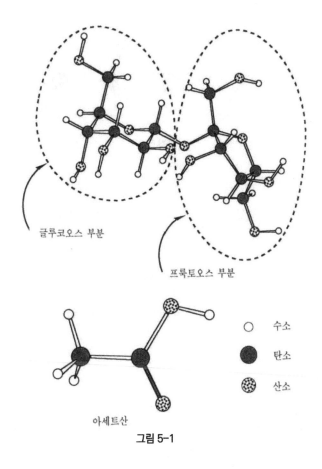

글루코오스 부분

프룩토오스 부분

○ 수소

● 탄소

◉ 산소

아세트산

그림 5-1

서 중요한 역할을 하는 존재이다. 설탕물에 식초나 소금을 가해서 맛을
내는 것은 텔레비전의 요리 프로그램에서 흔히 볼 수 있는 풍경이다. 그
런데 설탕물에 식초를 가한 채로 방치하면 차츰 단맛이 변화되어 간다.

이 현상을 최초로 학문적으로 연구한 사람은 독일인 화학자 울헤르
미로 그는 설탕물에 식초를 가해서 방치하면 다음과 같이 설탕이 글루

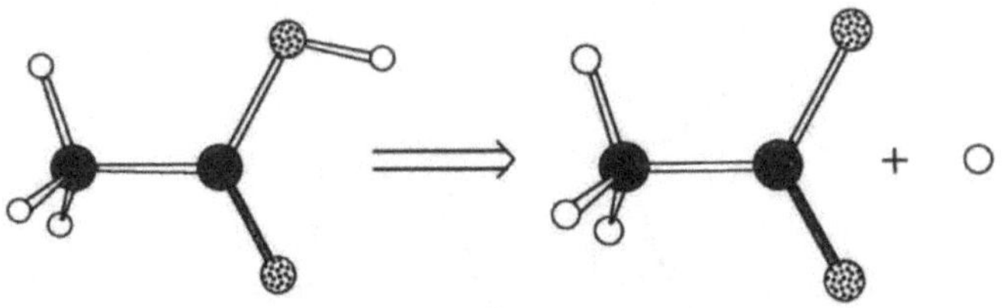

그림 5-2

$$CH_3COOH \longrightarrow CH_3COO^- + H^+ \qquad \text{(i)}$$

아세트산   아세트산 이온   수소 이온

코오스와 프룩토오스로 분해되는 것을 발견하였다. 이 반응은 설탕에
물이 관여해서 분해되기 때문에 일반적으로 가수분해(加水分解) 반응이
라 한다.

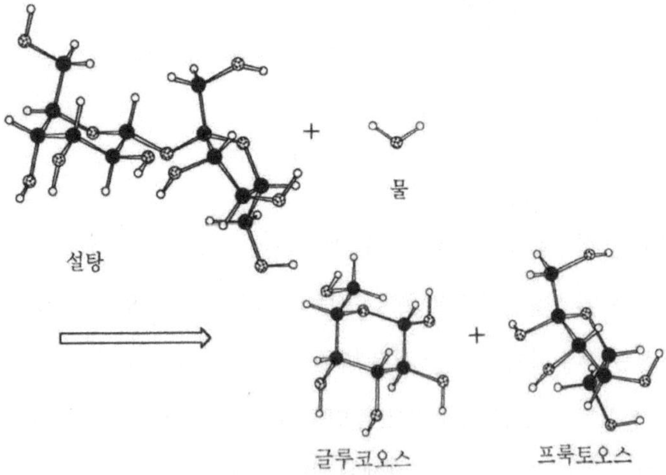

설탕   +   물

글루코오스   프룩토오스

$$(C_6H_{11}O_5)_2O + H_2O \longrightarrow C_6H_{11}O_5OH + C_6H_{11}O_5OH \qquad \text{(ii)}$$

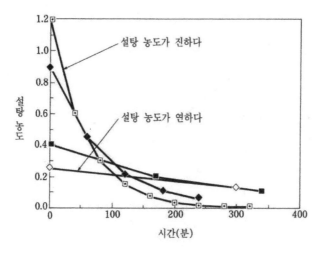

그림 5-3 | 설탕의 가수분해 속도에 미치는 설탕 농도의 영향

이런 화학반응이 어느 정도의 속도로 진행되는지 조사하는 것에는 여러 가지 방법이 있다. 예컨대 시간마다 반응물인 설탕이 감소하는 것을 추적하면 된다. 또는 시간마다 생성물인 글루코오스나 프룩토오스의 생성량을 추적해도 된다.

온도나 식초의 첨가량 등을 일정하게 하고 설탕의 농도를 바꿨을 때 시간과 함께 설탕의 감소량을 조사한 결과의 예를 〈그림 5-3〉이 보여준다. 실험 결과로 반응의 진행 속도*는 설탕의 농도가 진할수록 빠르다는 것, 바꿔 말하면 반응 속도는 설탕의 농도에 비례한다는 것을 알았다.

---

* 설탕 농도가 감소하는 속도

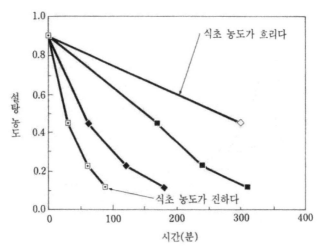

그림 5-4 | 설탕의 가수분해 속도에 미치는 식초 농도의 영향

반응 속도 = 설탕 농도의 감소 속도

= 비례상수 × [설탕 농도]

또 다른 실험으로 설탕의 농도는 일정하게 하고 식초의 농도를 바꾼
실험에서는, 〈그림 5-4〉에서와 같이 식초의 농도가 높을수록 설탕의
분해 속도는 빠르고 식초의 농도에 비례해서 반응 속도가 커지는 것도
알았다. 즉,

반응 속도 = 설탕 농도의 감소 속도

= 비례상수 × [식초 농도]

가 된다. 그래서 앞의 두 개의 관계식을 정리하면

$$반응\ 속도 = 비례상수 \times [설당\ 농도] \times [식초\ 농도]$$

로 나타낼 수 있다. 이 비례상수를 반응 속도상수라 부르는데 이는 여러 가지 화학반응의 속도를 비교하는 척도가 된다.

여기서 독자는 이상하게 생각할 것이다. 설탕의 분해에 식초가 중요한 역할을 차지한다고 생각됨에도 불구하고, 설탕 분해의 화학 방정식에 식초 성분은 나타나 있지 않기 때문이다.

수소 이온은 의적

사실은 이 가수분해 반응에서는 식초에서 해리된 수소 이온이 숨은 주역으로서 중요한 역할을 하고 있다. 수소 이온이 '의적'이라고 한 이유도 여기에 있다. 화학반응식에는 나타나지 않지만 그 존재에 의해서 화학반응이 촉진되도록 하는 기능을 갖는 물질을 '촉매'라 한다. 촉매가 없을 때는 매우 느린 반응이 일어나지만 어떤 종류의 촉매가 약간 존재하는 것만으로 매우 빠른 반응이 된다. 화학반응식에 나타나지 않는다고 하는 것은 그 촉매 물질은 감소하지도 않고 증가하지도 않는다는 것을 의미한다.

그러면 수소 이온은 어떤 기능을 하는 것일까? 위의 실험 결과로부터 다음과 같은 반응의 메커니즘이 밝혀졌다.

$$H^+ \ + \ H_2O \xrightleftharpoons{\text{빠르다}} H_3O^+ \quad \text{(iii)}$$

수소이온 　　　물 　　　　　프로토늄 이온

$$H_3O^+ + (C_6H_{11}O_5)_2O \xrightarrow{\text{느리다}} C_6H_{11}O_5OH + C_6H_{11}O_5OH_2^+ \quad \text{(iv)}$$

프로토늄 이온　설탕 　　　　　프룩토오스 　　프로톤이 붙은 글루코오스

$$H_2O + C_6H_{11}O_5OH_2^+ \xrightarrow{\text{빠르다}} C_6H_{11}O_5OH + H_3O^+ \quad \text{(v)}$$

물 　프로톤이 붙은 글루코오스 　　글루코오스 　　　프로토늄 이온

이와 같이 설탕의 가수분해는 앞의 (ii)식처럼 얼핏 보기에 단순한 것같이 보이지만 실제로는 (iii)~(v)식과 같이 몇 개의 반응이 조합되어 진행되고 있음을 알 수 있다. (iii)~(v)식과 같은 반응을 소반응(素反應)이라 부르고, 전체의 반응 속도는 소반응 중 가장 느린 반응의 반응 속도에 지배된다.

먼저 아세트산에서 해리된 수소 이온은 주위의 물 분자에 거둬들여져 프로토늄 이온이 된다. 수소 이온은 프로톤(proton)이라고도 하고 수소 원자핵이라고도 한다. (+) 전하를 갖는 가장 작은 이온이고 수용액 안에서 쉽게 물 분자에 붙어서 왼쪽과 같은 프

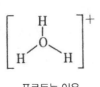

프로토늄 이온

수소 이온과 가수분해

로토늄 이온(protonium ion)이 되어서 존재한다.

한편 물 분자는 전하를 갖지 않으나 분자 속에서 전하의 치우침이 있어 수소는 약간 (+), 산소는 약간 (-)의 전하를 띤다. 이와 같이 분자 전체적으로 전하는 0이지만 분자 속에서 전하의 치우침을 가진 분자를 극성(極性) 분자라 한다.

그래서 수소 이온이 물 분자의 집합체 속에 섞이면 즉각 수소 이온의 (+) 전하가 물 분자의 산소의 (-) 전하에 끌어당겨져 프로토늄 이온이 된다. 이 반응은 매우 빠르다.

$$H^+ \ + \ \underset{H}{\overset{-\delta}{\underset{+\delta}{O}}}\underset{H}{{+\delta}} \longrightarrow \left[\begin{array}{c} H \\ O \\ H \quad\quad H \end{array}\right]^+$$

이 프로토늄 이온이 설탕 분자에 충돌하면 (iv)의 반응이 일어나지만 뒤에서 말하는 것처럼 일정한 조건을 충족한 충돌에 의해서만 이 반응이 일어나기 때문에 반응 속도는 매우 느리다.

분해해서 생긴 프로톤이 붙은 글루코오스로부터 프로톤이 프로토늄 이온으로 탈리(脫離)*하는 (v)의 반응은 빠르다.

이같이 (iv)가 느리기 때문에 (ii)식의 가수분해 반응은 (iv)식의 속도에 지배되는 것을 알 수 있다. 전체의 반응 속도를 지배하는 소반응을 속도 결정 반응이라 부른다.

(iv)식의 반응은 프로토늄 이온과 설탕 분자의 충돌에 의해서 일어나기 때문에 반응 속도가 수소 이온과 설탕 농도에 비례한다는 것은 납득이 간다.

---

* 화합물의 일부분이 떨어져 나와 제2의 화합물을 생성하는 반응

3. 반응 속도는 바꿀 수 있는가

수소 가스는 프로판가스의 연소처럼 반응 도중에 라디칼이 발생하고 이 라디칼이 기하급수적으로 증가하는 연쇄 반응은 일단 반응이 시작되면 아무리 해도 멈추지 않는다. 도중에 브레이크를 걸 수 없고 반응물질(수소 가스나 프로판가스, 또는 산소)의 어느 것인가가 없어질 때까지 반응은 진행한다. 더구나 그 반응 속도는 매우 빠르다. 한 예로 프로판가스와 공기의 혼합물을 천천히 연소시키는 것은 도저히 불가능하다. 우리가 조절할 수 있는 것은 버너를 사용해서 조금씩 프로판가스를 뽑아내어 연소시키는 것뿐이다.

그러나 앞에서도 말했듯이 수소 이온을 촉매로 하여 설탕을 가수분해하는 경우, 3단계로 구성되는 소반응 가운데 중간의 1단이 느리기 때문에 전체의 반응 속도는 속도 결정 반응인 중간 단계의 반응 속도 (iv)이 지배한다.

이것은 마치 러시아워의 지하철 승강장에서 개찰구를 통과하는 시간이 걸리기 때문에 그 전후를 아무리 서둘러도 결국은 개찰구의 개찰 속도에 지배되는 것과 같다. 개찰구를 2개로 증가시키면 2배 빨라진다.

설탕의 가수분해 속도도 속도 결정 반응의 속도를 제어할 수 있으면 전체의 가수분해 속도를 조절할 수 있다. 이 관계는 반응 속도식에서도 보여 주는 것처럼

$$반응\ 속도 = 비례상수 \times [설탕\ 농도] \times [식초\ 농도]$$

로 설탕의 농도를 진하게 하든가 식초의 농도를 진하게 하면 반응 속도는 빨라진다. 이것은 이 속도 결정 단계가 설탕 분자와 프로토늄 이온의 충돌에 의해 일어나는 것이므로 당연하다 할 수 있다.

운동장에서 하얀 모자를 쓴 어린이와 빨간 모자를 쓴 어린이가 2인 3각으로 뛰어다닌다. 거기에 노란 모자를 쓴 어린이도 섞여 있다. 하얀 모자는 글루코오스, 빨간 모자는 프룩토오스, 하양·빨강의 2인 3각은 설탕이다. 노란 모자는 프로토늄 이온에 대응한다. 2인 3각의 어린이와 노란 모자의 어린이가 충돌하면 노란 모자의 어린이가 2인 3각의 발의 묶음을 풀어 줄 수 있다. 2인 3각의 어린이와 노란 모자의 어린이가 충돌하는 기회는 어린이의 수가 많을수록 많다.

노란 모자 어린이의 수는 일정하게 하고 2인 3각의 어린이의 수를 2배로 하면 충돌의 기회는 통계적으로 2배가 될 것이다. 발의 묶음이 풀려지는 어린이는 2배로 증가하게 된다.

2인 3각 어린이의 수를 일정하게 하고 노란 모자의 어린이의 수를 2배로 해도 충돌의 기회는 2배가 될 것이다.

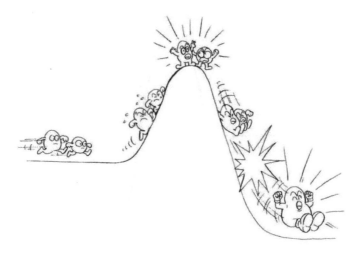

화학반응과 활성화 에너지

그러면 온도의 효과는 어떠할까? 실은 2인 3각의 이야기에서 뛰어다니는 속도는 문제로 삼지 않았으나 이것도 당연히 충돌 기회와 중요한 관계가 있다. 어린이가 빨리 달리면 달릴수록 충돌 기회는 증가하기 때문이다.

달리기를 잘하는 어린이와 못하는 어린이가 있는 것처럼 분자, 원자의 세계에서도 각각이 갖는 운동 에너지는 한결같지 않다.

학교 선생은 학급의 어린이 한 사람 한 사람의 성적을 정규분포곡선에 놓이도록 채점해서 편찻값을 운운하는데 분자, 원자의 세계에서는 입자가 갖는 운동 에너지는 이미 언급한 것처럼(〈그림 4-1〉) 분포한다.

즉 온도가 높을수록 입자가 갖는 운동 에너지는 커지고 원자, 분자

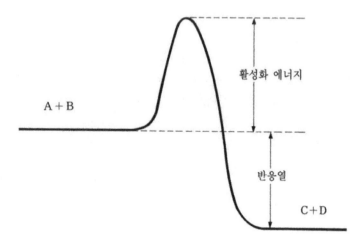

그림 5-3 | 활성화 에너지

의 충돌의 기회는 증가한다.

〈그림 4-1〉에 보여 준 것은 산소 분자에 대해 각 온도에서의 운동 에너지의 분포이다. 그리고 기체 반응과 액체 반응도 원리는 같기 때문에, 가령 2개의 입자가 충돌했다고 해도 충돌할 때마다 분해 반응이 일어나는 것은 아니다. 활성화 에너지라고 부르는 어떤 일정 값 이상의 운동 에너지를 가진 입자만이 분해 반응을 일으킬 수 있는 것이다. 이러한 것은 기체이건 액체이건 그 상태와는 관계가 없다.

화학반응은 마라톤 경주에 비유할 수 있다. 두 개의 물질 A, B가 반응하여 C, D라는 생성물이 생길 때 출발점에 A, B가 있고 결승점에 C, D가 있다. 그런데 이 마라톤 코스에는 그 도중에 심장이 터질 듯이 숨이

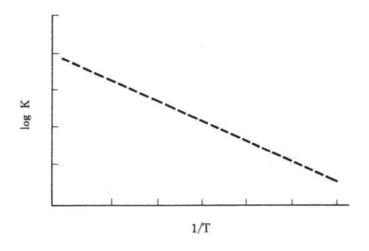

그림 5-4 | 아레니우스의 속도상수와 온도의 관계

가쁜 힘든 언덕이 있고, 결승점에 도달하기 위해서는 이 언덕을 넘어야 한다. 언덕만 넘으면 다음은 내리막길이어서 단숨에 골인할 수 있다.

이 힘든 언덕이 활성화 에너지에 대응하는 셈이다. 언덕의 높이(활성화 에너지의 크기)는 화학반응의 종류에 따라 다르다.

2개의 입자가 충돌해도 그들의 입자 운동 에너지가 활성화 에너지보다 크지 않으면 이 언덕을 넘을 수 없다.

설탕의 가수분해에서도 온도가 높아질수록 이 반응의 활성화 에너지 값 이상의 운동 에너지를 갖는 설탕 분자, 프로토늄 이온의 수가 증가하기 때문에 그만큼 충돌했을 때 분해가 일어나는 횟수가 증가하게 된다.

이러한 것은 속도식

반응 속도 = 비례상수 × 〔설탕 농도〕× 〔식초 농도〕

의 비례상수가 온도 상승과 함께 커지는 것을 의미한다.

이론적인 계산과 정밀한 실험 결과로부터 속도상수와 온도의 관계는 일반적으로 〈그림 5-4〉와 같이 나타낼 수 있음을 알 수 있다. 즉 속도상수의 로그(log)와 온도(절대온도로 나타낸다)의 역수와는 비례 관계가 된다.

그렇게 하여 그림에서 직선 기울기의 크기로부터 활성화 에너지 값을 구할 수 있다. 기울기가 클수록 그 반응의 활성화 에너지는 크다는 것을 의미한다. 이 관계는 1889년에 스웨덴의 화학자 아레니우스(S. A. Arrhenius)에 의해서 밝혀졌다.

4. 화학반응의 재편성

화학반응이란 반응물 분자 중의 원자끼리 재편성이 일어나 새로운 결합을 가지는 생성물 분자가 생기는 것이다. 그 화학반응의 재편성이 활성화 에너지 이상의 운동 에너지를 갖는 반응물 분자 간의 충돌에 의해서 야기된다는 것을 배웠다.

이제 잠시 화학결합이란 어떤 것인지 생각해 보자.

앞에서도 말한 것처럼, 원자에는 원자핵의 주위를 전자가 돌아다니고 있다. 예컨대 수소 원자에서는 수소 원자핵의 주위를 1개의 전자가 돌아다니고 있다. 전자 1개만이 존재하는 것은 매우 불안정하여 또 하나의 전자와 짝을 만들어서 안정화한다. 이웃에 또 하나의 수소 원자가 있으면 그 전자와 짝을 만든다. 2개 1쌍의 전자를 양쪽의 수소 원자핵이 공유함으로써 안정된 상태로 된다. 말하자면 2개 1쌍의 전자가 2개 원자핵의 접착테이프 역할을 하는 것이 된다.

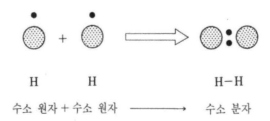

이와 같이 하여 수소-수소 간의 결합이 만들어진다. 이 화학결합은 2개 1쌍의 전자를 공유함으로써 성립되기 때문에 공유결합(共有結合)이라 한다. 수소 분자뿐만 아니라 산소 분자, 질소 분자 등의 결합은 모두 공유결합이다.

공유결합은 상이한 원자 사이에도 맺어진다. 예컨대 메탄을 예로 들어 설명하자. 탄소 원자의 가장 바깥쪽에는 4개의 전자가 돌아다니고 있다.*

그래서 4개의 수소 원자와 공유결합을 맺으면 각각의 탄소-수소 결합에 2개씩의 전자를 공유할 수 있다. 접착테이프의 2개 1쌍의 전자를 일일이 적는 것은 번거롭기 때문에 하나의 선으로 2개의 원자를 연결하는 것이 보통이다. 메탄을 이 요령으로 적으면 다음의 그림과 같다.

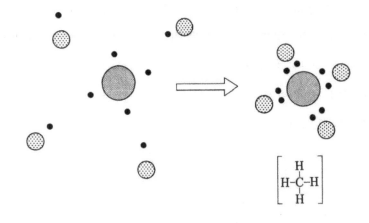

---

* 그 안쪽에 2개의 전자가 있으나 화학결합에는 직접 관계하지 않는다.

메탄으로부터 또 하나의 탄소가 증가하면 에탄이 생긴다. 구조는 약간 복잡하게 보이지만 원자의 수가 증가했을 뿐이다.

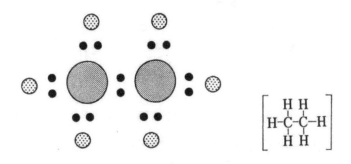

에탄에서 주의해야 할 점은 새롭게 탄소-탄소 간의 결합이 나타난 것이지만 결합의 성질에는 변함이 없다. 양쪽의 탄소로부터 1개씩의 전자를 서로 내어 C-C의 결합이 생기고 있다.

에탄 분자로부터 무언가의 원인으로 수소 원자 2개가 떨어져 나가 버리면 양쪽의 탄소에는 상대가 없는 전자가 1개씩 남게 된다. 그러나 앞에서도 말한 것처럼 전자가 1개 존재하는 것은 불안정하기 때문에 어딘가에서 전자를 끌어당겨 쌍을 만들려고 한다. 이 경우는 이웃하는 탄소에도 고립된 전자 1개가 있기 때문에 이것과 쌍을 만든다. 그렇게 되면 2개의 탄소 원자 사이에 2조의 2개 1쌍의 전자를 공유하게 된다. 말하자면 접착테이프가 이중으로 붙여진 것이 되고 탄소 2개 사이의 결합은 그만큼 강력해진다. 이것을 이중결합이라 말하고 C=C라는 기호로 나타낸다.

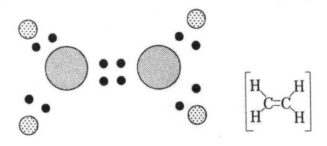

에틸렌은 원유를 원료로 하여 대량 만들어지며 우리 주변의 플라스틱, 합성섬유, 의약, 농약 등에서 중요한 원료이다.

다시금 에틸렌의 수소 2개가 무언가의 원인으로 떨어져 나가 버리면 에틸렌의 이중결합 생성 때와 마찬가지로 또 1조의 결합이 탄소-탄소 사이에 생성된다. 접착테이프가 삼중으로 붙여진 것이 되고 이것을 삼중결합이라 부르며 C≡C로 표시한다. 이는 이중결합보다 더욱더 결합력이 강하다.

유기 화합물은 탄소, 수소, 산소, 질소와 그 밖에 여러 가지 원소로 만들어져 있는데, 그 분자 속에서는 각각의 원자가 공유결합(단일결합, 이중결합, 삼중결합)에 의해 맺어져서 1개의 분자가 만들어져 있다.

전기적 인력에 의한 이온결합

화학결합 중에는 공유결합 이외에 이온결합이나 배위결합(配位結合)도 있고 무기 화합물 중에는 이온결합이나 배위결합을 지니는 것이 많다.

일반적으로 말해서 금속 원소는 원자 자신으로부터 전자를 방출하여 양이온이 되기 쉽고, 비금속 원소는 원자 자신이 다른 것으로부터 전자를 받아서 음이온이 되기 쉽다.

예컨대 나트륨 칼슘 원자는 전자 1~2개를 방출하여 Na^+, Ca_2^+로 각각 1가, 2가의 양이온이 되기 쉽다. 염소나 플루오린 원자는 다른 것으로부터 전자를 받아서 Cl^-, F^-로 1가의 음이온이 되기 쉽다.

(+) 전하를 가지는 양이온과 (-) 전하를 가지는 음이온은 전기적 인력으로 서로 끌어당겨 쌍을 만든다. 예컨대 Na^+와 Cl^-가 쌍을 만들어 $NaCl$이라는 화합물을 만든다. Ca^{2+}와 F^-가 쌍을 만들 때에는 Ca^{2+}가 +2가의 전하를 가지고 있기 때문에 2개의 F^-가 붙어서 CaF_2(플루오린화칼슘)이라는 화합물을 만든다. 이러한 이온 사이의 전기적 인력에 의한 결합을 이온결합이라 한다.

또 앞에서 언급한 것처럼 공유결합에서는 결합에 관여하는 2개의 원자가 각각 전자 1개씩을 내놓아 결합이 성립된다. 그러나 원자의 종류에 따라서는 한쪽의 원자가 2개 1쌍의 전자를 내고 상대방의 원자는 그 전자쌍을 받음으로써 쌍방의 원자가 전자쌍을 공유하여 결합이 성

화학반응은 분자의 충돌 방법과 깊은 관계가 있다

딥되는 일이 있다. 이러한 결합을 배위결합이라 한다.

그런데 이야기를 본 줄거리로 돌려서 분자 간 충돌의 충격이나 고온, 불꽃 등으로 접착테이프의 역할을 하고 있는 전자가 튀어 나가면 그 결합이 절단된다. 그때 공유하고 있는 전자쌍으로부터 1개씩 받아서 양자의 인연이 끊기면 각각의 끊긴 한 짝은 라디칼이 된다. 또는 공

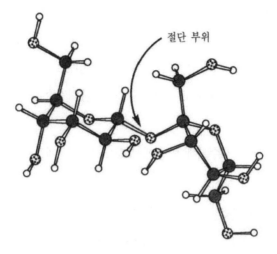

그림 5-7

유하고 있는 전자쌍을 2개 모두 어느 한쪽에서 받아서 양자의 인연이
끊긴다면, 전자쌍을 받아서 헤어진 쪽은 전자 1개만 여분으로 갖는 것
이 되기 때문에 (-) 전하를 띤 음이온이 되고, 전자쌍을 받지 않고 헤어
진 쪽은 전자 1개가 부족해지기 때문에 (+) 전하를 띤 양이온이 된다.

또 이온결합에 있어서도 분자, 원자, 이온의 충돌 충격이 (+)(-)의 전
기적 인력을 제압하여 이온결합이 끊어져 양이온, 음이온이 따로따로
탄생한다.

그런데 활성화 에너지 이상의 운동 에너지를 가지는 입자가 충돌하
면 숨 가쁜 언덕을 반드시 넘어서 반응이 진행되는가 하면 반드시 그렇
지는 않다. 자동차의 교통사고에서도 정면 충돌, 추돌, 측면 충돌이라

는 여러 가지 각도에서의 충돌 가능성이 있다.

분자는 일정한 형태를 가지고 있기 때문에 자동차의 충돌과 마찬가지로 충돌에 성공(?)하여 반응이 진행되는지 실패로 끝나는지는 충돌의 장소에 따르는 일이 많다. 분자의 구조가 복잡해질수록 일반적으로 성공의 기회는 적어진다.

예컨대 설탕의 가수분해 반응에서 속도 결정 단계로 되어 있는 프로토늄 이온이 설탕 분자에 충돌하는 경우, 프로토늄 이온의 공격에 의해서 끊기는 부위(절단 부위, 〈그림5-7〉에서 화살표로 보여 준다)에 가까운 부분에 충돌하면 성공의 가능성은 높으나, 절단 부위로부터 떨어진 장소에 충돌하면 헛수고가 될 가능성이 크다.

반응물질의 분자 구조가 복잡하게 될수록 충돌의 방법이 반응 속도에 미묘하게 영향을 미치게 된다. 통계적으로는

$$\frac{\text{적당한 방향의 충돌의 수}}{\text{여러 가지 방향을 가진 충돌의 전체 수}}$$

의 비로 논의하지만 이 비는 온도와는 관계가 없고 위에서 언급한 것처럼 분자의 구조와 관계가 있다.

5. 화학반응의 종류

과일 가게에서 판매되는 여름 밀감은 단 여름 밀감뿐이지만 옛날에는 여름 밀감이라 하면 시큼한 것을 대표했다. 그런데도 시큼한 것을 참으면서 여름 밀감을 먹었다. 조금이라도 시큼한 것을 부드럽게 하려고 중조(중탄산나트륨 또는 탄산수소나트륨)를 묻혀서 먹었다. 중조로 시큼한 것이 완화되는 것일까?

시큼함의 원인은 여름 밀감에 구연산이라는 산이 함유되어 있기 때문이다. 산은 모두 정도의 차이는 있어도 수소 이온을 방출하고 이 수소 이온이 시큼한 것의 원인이 된다.

여름 밀감에 중조를 뿌리면

$$H^+ \quad + \quad 2NaHCO_3 \longrightarrow H_2O \quad + CO_2 \quad + \quad Na_2CO_3$$

수소 이온 　　　탄산수소나트륨 　　　물 　　이산화탄소 　　탄산나트륨

이산화탄소(탄산가스)의 거품을 내면서 산이 약화된다. 이와 같이 산과 알칼리가 만나서 산을 약화시키는 화학반응을 중화반응이라 한다. 이 경우 중조는 약한 알칼리의 역할을 하고 있다. 물론 중화반응에서는

산과 동시에 알칼리도 약화된다.

중조가 산을 만나면 산을 중화하며, 이산화탄소 거품을 내는 성질은 발포성 목욕제(입욕제)에도 응용되고 있다.

발포성 목욕제는 중조와 유기산의 분말을 혼합해서 굳힌 것이다. 물론 착색제라든가 향료도 들어가 있다. 중조와 유기산의 분말을 혼합하는 바로 그 순간 화학반응이 일어날 것처럼 생각되지만 그리 간단하게 반응이 일어나지 않는다. 고체 상태에서는 분자 운동의 자유가 제한되어 분자 수준에서의 충돌 기회가 매우 작기 때문이다. 건조 상태에서 보존하면 1년이 경과해도 거의 변질되지 않는다.

그러나 일단 욕조에 넣으면 양쪽의 성분이 물에 녹아 여기서 비로소 분자 및 그들이 해리되어 생긴 이온은 자유로이 돌아다닐 수 있게 된다. 중조가 해리되어 생긴 탄산수소 이온과 유기산이 해리되어 생긴 수소 이온이 충돌하는 바로 그 순간 거품이 솟아나는 것이다.

중조는 유기산을 만나지 않아도 가열에 의해서 분해가 일어난다. 가열에 의해 중조의 운동 에너지가 증가되어 자기 자신이 분해하기 때문이다. 화학 방정식으로 적으면

$$2NaHCO_3 \longrightarrow Na_2CO_3 + CO_2 + H_2O$$

탄산수소나트륨   탄산나트륨   이산화탄소   물

(중조)   (탄산 가스)

이 되는데 실제적인 소반응은 더 복잡하다.

캐러멜화의 마무리 단계에 중조를 넣고 휘저어 한데 섞으면 푹하고 부풀어 오르는 것은 중조의 열분해 반응을 이용한 것이다. 베이킹파우더 속에도 중조가 배합되어 있기 때문에 오븐 속에서 가열되면 탄산가스가 발생하면서 케이크가 부풀어 오른다.

주방용품의 때를 벗기는 데에 표백제가 흔히 사용된다. 표백제에는 염소계, 산소계가 있다. 표백제 속에 더러워진 행주를 담가 두면 순백색으로 표백된다. 예컨대 염소계 표백제에는 대부분의 경우 하이포아염소산나트륨이 함유되어 있고,

$$2NaClO \quad + \quad 전자 \longrightarrow 2NaCl \quad + \quad O_2$$

하이포아염소산나트륨   염화나트륨   산소

의 반응에 의해서 더러워진 분자로부터 전자를 빼앗는다. 더러워진 것은 원래 기름, 음식 찌꺼기, 곰팡이, 손때와 같은 유기 화합물의 혼합물로서 물에는 녹기 어렵다. 따라서 물로 씻어도 여간해서 깨끗해지지 않는다. 그러나 표백제 속에 담그면 때를 구성하고 있는 분자로부터 전자를 빼앗아 때의 분자를 뿔뿔이 분해시켜 버린다. 이러한 메커니즘으로 표백작용이 진행된다.

산소가 관계하지 않아도 산화라고 한다

물질이 전자를 잃는 화학반응을 산화라 한다. 산소와 결합하는 것도 산화라고 하지만 이 경우도 결과적으로는 산소 분자가 상대방으로부터 전자를 빼앗는 것이다. 역으로 산소나 수소가 관계하고 있지 않아도 물질이 전자를 얻는 것과 같은 반응은 모두 환원 반응이라 할 수 있다.

플래시벌브 속에서 마그네슘 리본이 산소와 결합하는 것도 마그네슘의 산화 반응에서

$$2Ma \quad + \quad O_2 \quad \longrightarrow \quad 2MgO$$

마그네슘 　　　　산소 　　　　산화마그네슘

금속 상태의 마그네슘(Mg)은 전자를 빼앗겨서 마그네슘 이온(Mg^{2+})으로 산화되고, 산소 분자(O_2)는 전자를 받아서 산소 이온(O^{2-})으로 환원되어 마그네슘에 달라붙어 산화마그네슘(MgO)이 생성된다. Mg^{2+}와 O^{2-} 사이에는 이온결합이 맺어진다. 전자는 반응 도중에 소멸되는 일은 없기 때문에 전자를 주는 것이 있으면 그 전자를 받는 물질이 반드시 존재해야 한다.

플래시벌브 속에서 마그네슘은 산화되고 동시에 산소는 환원된다. 산화나 환원은 사물의 안팎과 같은 것으로서 산화 반응이 일어나는 곳에 항상 그 이면에서는 환원 반응이 일어나고 있다.

앞에서 언급한 염소계 표백제의 반응에서도 때의 분자는 표백제에

의해 산화되지만 동시에 표백제는 때의 분자에 의해서 환원된다.

일본은 작은 섬나라로서 천연자원이 풍족하지 않다. 연료인 석유나 천연가스는 수요량의 99%를 중동이나 인도네시아에서 수입하고 철광석은 중국이나 오스트레일리아에서 대량으로 수입하고 있다. 철광석 속에서 철은 산소와 결합해 산화철의 형태로 30~50% 정도 함유되어 있다. 제철 공장에서는 용광로(〈그림 5-8〉) 속에 석회석을 혼합한 철광석과 코크스(탄소)를 서로 번갈아 층상(層狀: 겹치거나 층을 이룬 모양)으로 넣어 아래로부터 1,200℃로 가열한 열풍을 불어넣으면, 먼저 코크스와 공기 중의 산소가 반응해서 일산화탄소를 생성하고

$$2C \quad + \quad O_2 \quad \longrightarrow \quad 2CO$$
코크스　　　　산소　　　　　　일산화탄소

이 일산화탄소에 의해서 철광석의 산소가 탈취되어

$$Fe_2O_3 \quad + \quad 3CO \quad \longrightarrow \quad 2Fe \quad + \quad 3CO_2$$
산화철(철광석)　　일산화탄소　　　철　　　　이산화탄소

의 반응에 따라서 용융된 철이 용광로의 아래에 고인다. 이것을 노의 아래로부터 흘러내리는 것이다. 용융된 철은 불꽃을 튀기면서 힘차게 분출된다.

여기서 철광석 중의 철과 결합하고 있던 산소는 일산화탄소에 빼앗겨 산화철이 철로 된다. 이것도 원소 결합의 재편성이 일어나기 때문에

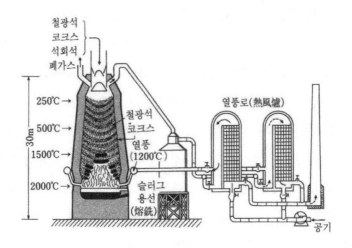

철광석
코크스
석회석
폐가스

250℃ →
500℃ →
1500℃ →
2000℃ →

30m

철광석
코크스
열풍
(1200℃)

슬러그
용선
(熔銑)

열풍로(熱風爐)

공기

그림 5-8 | 용광로의 구조

화학반응이고, 이 경우 철광석의 위치에서 보면 산소를 제거하는 반응이기 때문에 환원 반응이다.

이것은 전자의 주고받음으로 보면 산화철의 철 이온(Fe^{3+})은 일산화탄소로부터 전자를 받아서 금속 철(Fe)로 환원된다. 일산화탄소는 산화철로부터 전자를 받아 이산화탄소로 산화된다. 이렇게 해서 이때 산소가 전자의 운반 책임을 겸하고 있는 것이 된다.

한편 프로판이나 목탄이 연소하는 반응은 산소와 결합하는 반응이기 때문에 산화 반응이다. 이때에도 전자의 주고받음으로부터 보면, 프로판을 구성하고 있는 탄소와 수소는 산소에 전자를 주어 산화되고, 산소 분자는 프로판으로부터 전자를 받아 환원되어 생성물이 각각 이산화탄소와 수증기로 되는 것이다.

1세기 전까지는 산소의 주고받음* 또는 수소의 주고받음으로 산화 반응과 환원 반응을 설명했으나 오늘날에는 위에서 언급한 것처럼 전자의 주고받음으로 산화·환원을 설명하는 것이 일반적이다. 그렇게 해야 가지각색의 화학반응을 통일된 개념으로 설명할 수 있기 때문이다.

전기 도금이나 전지도 산화·환원 반응의 응용이다. 전기 도금에서는 전해조(電解槽)에 매단 전극에 직류 전류를 흘린다. 전해조에 용해되어 있던 금속 이온(양이온)은 전기적 인력으로 전해조의 (-)극판에 끌어당겨져 극판에 접촉하자마자 (-)극판의 전자가 금속 이온으로 옮겨 가서 금속으로 환원된다.

$$Cu^{2+} \quad + \quad 2e \longrightarrow Cu$$

구리 이온　　　　전자　　　　　금속 구리

구리 도금에서는 이와 같이 하여 (-)극판 위에 금속 구리가 나온다.

전지의 경우는 전기도금의 반대로서 전해액 속에 녹아 있던 금속 이온이 (-)극판에 석출하고, 반대쪽 (+)극판을 구성하고 있던 금속이 금속 이온으로 되어서 전해액에 녹아든다. 금속이 금속 이온으로 될 때 전자가 방출되고 이 전자는 전지의 (-)극으로부터 흘러나와 전선을 따라서 (+)극에서 흘러들어 간다. (+)극으로 흘러들어 간 전자는 (+)극판에서 접촉한 금속 이온에 전자를 주어 금속 이온은 금속이 된다. 이와 같이 하

---

* 산소와 결합하는 것이 산화, 산소를 빼앗는 것이 환원

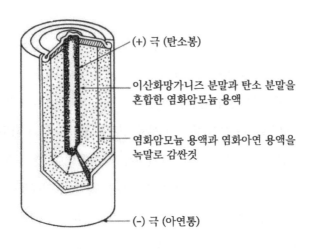

여 (-)극에서는 산화 반응(금속 → 금속 이온 + 전자)이 일어나고 (+)극에서
는 환원 반응(금속 이온 + 전자 → 금속)이 일어나게 된다.

예컨대 가장 널리 이용되는 망간전지의 구조는 〈그림 5-9〉처럼 되
어 있다. 금속 아연판의 통 속에 탄소봉이 꽂히고 그 안에 이산화망간
의 분말과 탄소 분말을 혼합한 염화암모늄 용액과, 염화아연과 염화암
모늄 수용액을 호상(糊狀)으로 한 것이 격막을 사이에 두고 채워져 있다.

전지 전체는 액의 누설을 방지하기 위해 철제 케이스에 봉입되어
있다.

전지의 양쪽 극을 전선으로 연결하면 아연판인 (-)극으로부터 전자
가 튀어 나와 (+)극으로 흘러간다. 전지의 한가운데의 배꼽 부분이 (+)

극이다. 전자는 배꼽에서 그 아래의 탄소봉을 따라서 전극을 에워싼 이산화망간으로 옮아서 거둬들여진다.

$$2MnO_2 + 2H^+ + 2e^- \longrightarrow Mn_2O_3 + H_2O$$

이산화망가니즈　수소 이온　전자　삼산화망가니즈　물

여기에서 이산화망간은 전자를 받아서 환원되어 삼산호망간(4가 망간 + 전자 → 3가 망간)이 된다. 즉 이 경우는 4가의 망간은 금속 망간(0가)까지는 환원되지 않고 3가의 망간에 머문다. 동시에 (-)극의 아연판은 전자를 잃고 산화되어 아연 이온(아연→아연 이온 + 전자)이 된다. 전지로부터 계속 전기를 끄집어내면 아연판은 차츰 여위어 홀쭉해져서 결국 전기는 흐르지 않게 된다.

$$Zn \longrightarrow Zn^{2+} + 2e^-$$

금속 아연　　아연 이온　　전자

즉 전지는 산화·환원 반응에 수반해서 일어나는 전자의 흐름을 이용하고 있는 것이다.

발열을 수반하는 화학반응

프로판이 연소하는 것은 되풀이해서 말한 것처럼 산화 반응이다. 프로판이 연소할 때에는 고온이 되고 그 때문에 가정에서도 연료로서 널리 이용되고 있다. 그러나 그 불길의 색은 담청색으로 그다지 밝지 않다. 한편 석유램프나 양초가 연소할 때에는 고온을 냄과 동시에 밝게 빛나서 전등이 없던 시대에는 조명으로 널리 이용되었다. 밝은 불길이 생기는 것은 불완전 연소에 의해서 생긴 탄소의 미립자가 불길 속에서 고온으로 가열되어 밝게 빛나기 때문이다. 그 증거로 양초의 밝은 붉길 속에 스푼을 꽂으면 스푼에 검은 그을음(탄소의 미립자)이 붙는다.

프로판이나 목탄의 연소와 같이 화학반응에 수반하여 발열하는 반응을 발열 반응이라고 한다. 일회용 회로가 따뜻해지는 것도, 훈증식(燻蒸式) 살충제에 물을 주입하면 발열하는 것도 발열 반응을 이용한 것이다. 다만 살충제에 내장된 것은 생석회로서 생석회가 물과 결합함으로써 발열하는 것을 이용한 것이고 산화 반응은 아니다.

우주왕복선이 굉장한 불길을 내뿜으면서 지구의 중력권 밖으로 튀어 나가는 에너지도 산소와 수소가 결합하여 수증기로 변화할 때에 발생하는 고온에 의한 것으로 역시 발열을 수반하는 수소의 산화 반응의 응용이다.

다이너마이트나 화약이 파열하는 것도, 충격에 의해 다이너마이트나 화약이 일순간에 분해되어 대량의 고온 가스를 발생하는 것을 이용

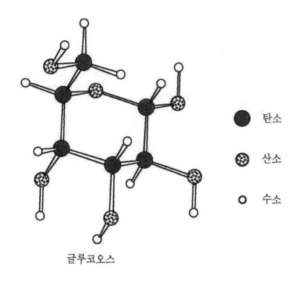

	탄소
	산소
	수소

글루코오스

한 것으로서 역시 발열 반응의 응용이다.

　우리 몸속에서도 복잡한 화학반응이 허다하게 일어나고 있다. 우리가 주식으로 먹는 쌀의 주성분은 녹말이라고 하는 화합물이다. 녹말의 화학 구조는 글루코오스라고 하는 구성단위가 수천 개의 사슬 모양으로 또는 분지(分枝)되어 복잡하고 길게 연결된 것이다.

　글루코오스는 탄소, 수소, 산소로 구성된 분자량 180.16의 분자이다.

　이 글루코오스가 다음에 오는 그림과 같이 수천 개 연결된 것이 녹말이다.

　쌀밥을 먹으면 그 녹말은 소화기 속에서 효소의 작용에 의해 분해되어 글루코오스가 된다. 그때 녹말을 구성하고 있던 글루코오스끼리의

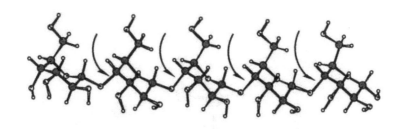

→ 표의 부분에서 끊겨 글루코오스가 된다

결합이 끊어지기 때문에 녹말이 글루코오스로 분해되는 것은 화학반응이다. 이 분해에는 물의 존재가 필요하고 이 화학반응은 가수분해 반응이라고 부른다.

글루코오스는 소화기로부터 혈액 속으로 흡수되어 신체 구석구석의 세포로 보내진다. 세포 내에서 글루코오스는 몇 단계의 화학반응에 의해서 차례로 산소와 결합하고 최종적으로는 이산화탄소와 물로 변한다. 여기서도 글루코오스를 구성하고 있던 탄소, 수소, 산소의 결합이 끊어져 탄소와 산소, 수소와 산소의 결합으로 바뀌기 때문에 이것도 화학반응이다. 글루코오스와 산소가 결합하기 때문에 산화 반응이라 부르고, 이 과정에서 발열이 일어나고 또 이 산화 반응 때에 발생하는 에너지가 우리들이 살아가는 힘으로 되는 것이다.

$$C_6H_{12}O_6 + 6O_2 \longrightarrow 6CO_2 + 6H_2O$$

글루코오스   산소   이산화탄소   물

고기의 주성분은 단백질이다. 우리가 먹은 고기도 위장 속에서 효소에 의해서 가수분해되어 단백질의 구성 요소인 아미노산으로 바뀐다. 아미노산은 체내에 흡수되어 혈액에 의해서 말단 세포까지 운반된다.

말단 세포에서는 글루코오스와 마찬가지로 혈액으로 운반된 산소에 의해서 산화되어 에너지원이 된다. 또 일부 아미노산은 별개의 효소에 의하여 연결되어 새로운 단백질이 되고 우리 육체의 성장 재료가 된다. 이것들은 모두 효소를 촉매로 하는 화학반응에 의한 것이다.

6장

자운영(紫雲英)의 비밀

— 반응은 어디까지 진행하는가(평형론)

1. 유기농법

최근에는 화학비료나 농약을 사용하지 않는 유기농법으로 재배한 쌀이나 야채, 과일이 적극 권장되고 있다. 유기농법에서는 화학비료 대신에 가축의 분(糞)이나 퇴비를 비료로 사용한다. 질소분의 보급을 위해 농지에 자운영을 키워서 시기가 도래하면 이것을 농지에 파 엎는다.

자운영을 기르면 어째서 질소분이 보급되는 것인가? 그 비밀은 자운영의 뿌리에 기생하고 있는 뿌리혹균이라는 박테리아의 작용에 의한 것이다. 이 박테리아는 공기 중의 질소와 뿌리로부터 빨아올린 물을 원료로 하여 암모니아를 만들고, 이것이 자운영의 생체 내에서 아미노산의 기타 질소를 함유하는 유기 화합물이 되는 것이다.

즉 공기 중의 질소 분자는 그대로는 식물에 흡수되지 않으나 근립(根粒) 박테리아의 작용에 의해서 식물에 흡수되기 쉬운 유기 질소 화합물로 변화한다. 그 때문에 자운영이 유기농업에서 질소 비료로서 활용되는 것이다.

19세기에 들어와서 화학자들은 공기 중의 질소를 어떻게든 해서 암모니아로 바꾸려고 노력해 왔다. 만일 공기 중의 질소를 암모니아로 바꿀 수 있다면 많은 질소가 비료로 이용될 수 있기 때문이다. 결국 1906년 독일의 화학자 하버(F. Haber)와 보슈(C. Bosch)는 질소와 수소로부터 암모니아를 공업적으로 생산하는 데 성공하였다. 이에 관한 이야기는 이 장의 마지막에서 조금 더 상세히 언급하기로 한다.

질소 가스와 수소 가스의 혼합물을 약 500℃, 200기압이라는 조건에서 가열, 가압하면 암모니아가 생성된다. 화학 방정식으로 적으면

$$N_2 \quad + \quad 3H_2 \quad \longrightarrow \quad 2NH_3$$

$$\text{질소} \qquad \text{수소} \qquad \text{암모니아}$$

가 된다. 다만 이 화학반응을 촉진시키기 위한 촉매를 첨가하지 않으면 질소 가스와 수소 가스의 혼합물을 위의 조건으로 가열, 가압해도 아무런 암모니아도 생성되지 않는다. 하버와 보슈가 고생을 한 것도 유효한 촉매를 찾아내기 위함이었다. 현재 가장 유효한 촉매로 사용되는 것은 철에 알루미나와 산화칼륨을 첨가한 것이다.

그러나 촉매를 넣은 반응 용기 속에 질소와 수소를 1:3의 비율로 넣어서 500℃, 200기압으로 가열, 가압하였다고 해도 100% 암모니아가 생기는 것은 아니다. 기껏해야 원료의 약 25%가 암모니아로 변화할 뿐이다. 그 이상 아무리 시간을 길게 해도 암모니아가 더 생기지 않는다.

한편 암모니아 가스만을 이러한 반응 용기에 밀폐시켜 500℃, 200기압으로 가압, 가열하면 암모니아의 일부는 분해하여 질소 가스와 수소 가스가 된다. 즉,

$$2NH_3 \longrightarrow N_2 + 3H_2$$

암모니아　　　　질소　　수소

로 암모니아 합성 반응과 반대인 분해 반응이 일어나는 것이다. 합성 반응과 분해 반응을 동시에 나타내면,

$$N_2 + 3H_2 \rightleftharpoons 2NH_3$$

질소　　　수소　　　암모니아

로 적을 수 있다. →의 방향을 정반응이라 하면 ←방향의 분해 반응은 역반응이라 할 수 있다. 그리하여 정, 역 양방향으로 진행될 수 있는 화학반응을 가역반응(可逆反應)이라 부른다.

　하나의 화학반응이 정의 방향으로 진행하거나 역의 방향으로 진행하는 것을 보면 무언가 불가사의한 느낌도 들지만, 화학반응 자체가 분자의 충돌에 의해서 새로운 결합이 생김과 동시에 분자의 충돌에 의해서 결합이 끊기는 일도 있는 것은 당연하다고 생각된다.

　이론적으로 모든 화학반응은 가역인 것이지만 실제로는 정반응의 생성물이 그 반응계에서 도망가 버리거나 하여 역반응이 일어날 수 없게 되는 경우에는 반응은 100% 진행된다. 이러한 경우에는 사실상 불가역반응이 된다.

　예컨대 불가역반응에서는 다음과 같은 것이 무언가 한 가지 일어나고 있다.

(1) 기체의 발생

(2) 침전의 생성

(3) 해리하기 어려운 공유결합성 물질의 생성

예컨대 발포성의 목욕제는 (1)의 예에 해당한다. 발포성 목욕제는 탄산수소나트륨(중탄산소다)와 고체 유기산(구연산, 주석산 등)을 혼합하여 고체로 굳힌 것이다(5-5. 화학반응의 종류 참고). 물론 그 밖에 황산나트륨, 향료, 색소 등도 배합되어 있다. 이것을 욕조 속에 넣으면 물에 용해되어,

$$HCO_3^- \quad + \quad H^+ \longrightarrow \quad H_2O \quad + \quad CO_2$$

탄산수소 이온	수소 이온	물	이산화탄소
(탄산수소나트륨에서 나온다)	(유기산에서 나온다)		(기포가 되어서 도망간다)

의 반응에 의해서 이산화탄소의 기포가 발생한다. 이산화탄소는 기체가 되어서 욕조로부터 도망가기 때문에 역반응은 일어날 수 없다. 탄산수소나트륨과 유기산의 어느 한쪽이 없어질 때까지 반응은 정방향으로 진행되고, 없어지면 거기서 반응은 끝난다.

(2)의 예로서는 소화기관의 투시(透視) 때 마시는 백색 밀크상의 황산바륨의 생성 반응을 들 수 있다.

황산바륨은 백색의 무거운 분말로서 물에는 거의 녹지 않는다(물

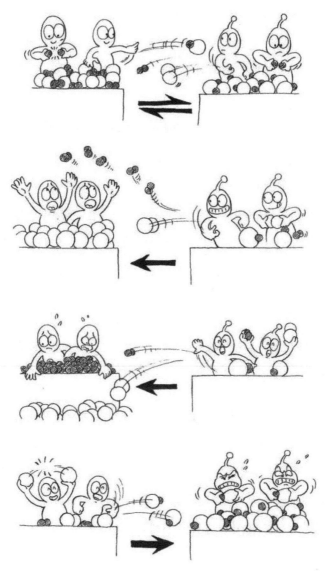

가역반응과 불가역반응

100ml 중 0.0002g). 바륨이라는 원소는 X선이 투과하기 어렵기 때문에 황산바륨의 분말과 물을 섞어서 노글노글해진 액체를 마시면 황산바륨이 있는 부분은 X선이 통과하지 못하므로 예컨대 위벽의 모양을 볼 수 있는 것이다.

바륨이라고 하는 원소는 인체에는 유해하지만 황산바륨은 물에 거의 녹지 않기 때문에 소화기로부터 흡수되지 않고 그대로 몸 밖으로 배설되므로 무해하다.

황산바륨은 원료인 염화바륨에 황산나트륨을 가하여 만들어진다. 염화바륨, 황산나트륨은 둘 다 물에 잘 녹는다. 이 두 약품의 수용액을 혼합시키면

$$BaCl_2 + Na_2SO_4 \longrightarrow BaSO_4 + 2NaCl$$

염화바륨	황산나트륨	황산바륨	염화나트륨
(수용액)	(수용액)	(침전)	(수용액)

황산바륨이 백색 침전으로 생성된다. 두 개의 약품을 혼합하면 순식간에 반응해서 백색 침전이 생긴다. 생성된 황산바륨은 물에 녹지 않는 침전이기 때문에 수용액으로부터 고체로 변화해서 침전이 되어 수용액이라고 하는 반응계 바깥으로 도망간다. 이 반응은 염화바륨, 황산나트륨의 어느 것이든 없어질 때까지 진행되고 없어진 시점에서 반응이 멈춘다.

이 용액에 어느 것이든 부족한 쪽을 추가하면 계속 침전반응이 진행

된다. 만일 1:1 몰 비*로 혼합하면 염화바륨, 황산나트륨이 둘 다 없어진 시점에서 반응이 끝난다. 이러한 반응 혼합물을 여과하여 황산바륨의 침전만을 끄집어내서 정제, 건조한 것이 투시용에 사용되는 황산바륨 분말이다. X선 투시 때에 마시는 것은 이 분만을 물에 섞어서 밀크상으로 만든 것이다.

산과 알칼리의 중화는 (3)의 예에 해당한다. 예컨대 염산 수용액에 수산화나트륨의 수용액을 가하면 염산의 산성은 차츰 약해져 간다. 염산은 말할 것도 없이 강한 산이고 수산화나트륨은 강한 알칼리이다. 염산의 산성이 약해져 가는 것은,

$$HCl \quad + \quad NaOH \quad \longrightarrow \quad NaCl \quad + \quad H_2O$$

염산   수산화나트륨   염화나트륨   물

의 반응에 의해서 산과 알칼리가 반응하여 물이 생기기 때문이다. 중화 반응에 의해서 염산의 산성은 수산화나트륨의 알칼리로 약해지고 동시에 수산화나트륨의 알칼리성은 염산의 산성으로 약해진다. 염산과 수산화나트륨이 1:1 몰 비로 혼합되면 산과 알칼리는 완전히 반응해서 중성이 된다. 이것은 염산의 수소 이온(H^+)과 수산화나트륨의 수산화 이온(OH^-)과의 반응에 의해

$$H^+ \quad + \quad O-H^- \quad \longrightarrow \quad H-H-H$$

---

* 혼합액 전체의 그램 분자 수에 대한 그 구성 성분의 그램 분자 수의 비율

물(H_2O)이 생성되기 때문이다. 물의 분자 속에서는 산소와 수소가 공유 결합으로 일단 물 분자로 되면

$$H-O-H \longrightarrow H^+ \ + \ O-H^-$$

의 역반응은 매우 일어나기 어렵다. 따라서 염산과 수산화나트륨의 중화 반응에서는 그 역반응은 일어나지 않는다. 산과 알칼리를 가한 것만으로 사실상 100% 중화 반응이 진행된다.

$$H^+ \ + \ OH^- \ \rightleftharpoons \ H_2O$$

이 반응은 위에서 말한 것처럼 거의 → 의 방향으로 진행되는 것이지만 ← 방향이 전혀 일어나지 않는 것은 아니다. 다만 매우 조금밖에 일어나고 있지 않기 때문에 보통은 역반응이 일어나고 있는 것을 알아낼 수 없을 정도이다.

2. 평형 반응

다시 이야기를 암모니아 합성 반응으로 되돌리자. 암모니아 합성 반응이 가역반응이라는 것은 이미 언급한 대로이다.

$$N_2 \ + \ 3H_2 \ \Longleftrightarrow \ 2NH_3$$

질소 가스와 수소 가스를 1:3의 비율로 촉매를 채운 압력 용기에 넣고 500℃, 200기압으로 가열, 가압하면 질소 가스와 수소 가스는 차츰 암모니아로 변화해 간다. 그와 동시에 생성된 암모니아는 또 이 조건에서 질소 가스와 수소 가스로 분해되어 간다. 더구나 반응계 전체는 압력 용기에 밀폐되어 있기 때문에 어느 성분도 반응계 바깥으로 도망갈 수는 없다.

이렇게 하여 충분한 시간이 경과한 시점에서는 암모니아가 생성되는 반응 속도와 암모니아가 분해되는 반응 속도가 같아진다. 이 시점에서 반응 용기 속의 질소 가스, 수소 가스, 암모니아 가스의 농도는 일정하게 되고, 각 성분은 증가도 감소도 하지 않는 상태가 된다. 물론 반응 용기 속에서 암모니아의 생성 반응, 분해 반응이 격렬하게 일어나고 있

	반응의 시작	평형 달성시
질소 가스	25기압	22.4기압
수소 가스	75기압	67.2기압
암모니아	0	10.4기압

표 6-1 | 암모니아 생성 평형

	반응의 시작	평형 달성시
암모니아	100기압	10.4기압
질소 가스	0	22.4기압
수소 가스	0	67.2기압

표 6-2 | 암모니아 분해 평형

지만 어느 성분도 감소, 증가하지 않기 때문에 겉보기로는 반응은 정지하고 있는 것처럼 보인다. 이러한 상태를 평형 상태라 한다.

세 가지 성분(질소, 수소, 암모니아)이 어떠한 조성으로 되었을 때 평형 상태로 되는지에 관해서는 질량 작용의 법칙이 알려져 있다. 암모니아 합성 반응에 대한 법칙은,

$$\frac{(암모니아의 \ 압력)^2}{(수소의 \ 압력)^3 \times (질소의 \ 압력)} = \frac{[NH_3]^2}{[H_2]^3 \times [N_2]} = K \quad (i)$$

라고 적을 수 있다. [ ]은 각 성분의 압력이다. 온도와 계 전체의 압력(각 성분의 압력의 한계)이 결정되면 K의 값은 일정하게 되고 이것을 평형상수라 한다. 예컨대 500℃, 100기압에서 K는 0.000016이라는 값이 된

온도(℃)	K	농도비 %		
		수증기	산소	수소
27	8×10^{-81}	100	~0	~0
127	3.3×10^{-59}	100	~0	~0
527	5.5×10^{-38}	100	~0	~0
927	8.7×10^{-11}	99.9999	0.00008	0.00004

표 6-3 | 물의 분해 반응의 평형상수

다. K의 값은 반응성분의 농도(압력)에는 관계없고 온도 및 계의 전체 압력에 의해서만 결정되는 상수이다. 물론 촉매의 유무와도 무관하다. 예컨대 이 반응 용기에 수소 기체를 75기압, 질소 기체를 25기압이 되도록 채워 넣고(전체로서 100기압), 500℃로 가열하면 평형 상태에 도달하였을 때에는 질량 작용의 법칙에 따라 각각의 성분은 〈표 6-1〉과 같이 된다. 물론 반응 용기에는 촉매를 넣어 두지 않으면 여간해서 금방 평형 상태에 도달하지 않는다.

반대로 이 반응 용기에 암모니아 가스만을 100기압이 되도록 채워 넣고 500℃로 가열하였다고 하면 촉매 존재하에서는 암모니아는 신속하게 분해하고 평형 달성 시 세 가지 성분의 조성은 〈표 6-2〉와 같이 될 것이다. 앞의 중화 반응에서는

$$H^+ + OH^- \rightleftharpoons H_2O$$

의 반응 중 역반응은 거의 일어나지 않는다고 생각해도 무방하기 때문

에 불가역반응이라고 하였다. 그러나 H_2O가 액체의 물이 아니고 수증기인 경우, 물의 분해 평형,

$$2H_2O \rightleftharpoons 2H_2 \ + \ O_2$$

가 성립한다. 이 평형상수 K는 온도에 따라서 〈표 6-3〉처럼 변화한다.

$$\frac{(수소의\ 압력)^2 \times (산소의\ 압력)}{(수증기의\ 압력)^2} = \frac{[H_2]^2 \times [O_2]}{[H_2O]^2} = K$$

따라서 예컨대 927℃에서는 수증기는 약간이나마 산소 가스와 가스 가스로 분해하는 것이다. 이와 같이 하여 가역반응에서 화학반응이 어느 지점까지 진행하였을 때 평형 상태가 되는지는 그 반응의 평형상수를 알고 있으면 미리 예측할 수 있다.

또 질량 작용의 법칙으로부터 명백한 것처럼 화학 평형에 관한 여러 가지 성분 중 어느 것인가 한 성분의 압력이나 농도를 바꾸면 평행이 깨진다.

예컨대 암모니아 합성 반응에서 평형 상태에 있을 때 수소 가스를 추가하였다고 하면, 수소 가스와 실소의 충돌 횟수는 증가하여 그 몫만큼 암모니아가 여분으로 생성되고 동시에 질소 가스는 반응한 분량만큼 감소한다. 또 암모니아의 농도가 증가하면 암모니아의 분해 반응도 조금 더 진행된다.

이와 같이 하여 새로운 평형 상태에 도달한 시점에서 머물게 된다.

이 결과 세 가지 성분의 비율은 다시 한 번 앞의 (i)식을 만족시키는 평형 상태가 된다.

3. 평형 상태로부터의 벗어남

이 평형 상태는 반응에 관여하는 성분을 추가하거나 빼 버리거나 하지 않고 반응계 전체의 압력이나 온도를 변화시켜도 평형을 벗어나게 할 수 있다. 온도, 압력에 따라서 평형이 어떻게 변화하는지에 관해서는 르샤틀리에의 법칙(law of Le Chatelier)이 알려져 있다. 이것은 르샤틀리에가 1884년에 제창한 것으로서, 평형에 있는 어떤 계(系)에 외력이 가해지면 그 계는 가능한 한 자기에게 가해진 '스트레스'를 경감시키도록 적응한다는 법칙이다.

이것과 관련하여 삼라만상 모두가 같은 원리로 움직이고 있는 것처럼 생각된다. 외력에 의해서 스트레스가 일어났을 때 이것을 약화시키도록 움직이는 것은 우리 신체에서도, 또 우리의 생활방식에 있어서도 마찬가지다. 르샤틀리에의 법칙은 화학 평형에 대해서 이 원리를 적용시킨 것이라고 할 수 있을 것이다.

다시 암모니아 합성 반응에 관해서 말하면,

$$N_2 \ + \ 3H_2 \ \underset{\text{분해 반응}}{\overset{\text{합성 반응}}{\rightleftarrows}} \ 2NH_3 \ + \ 22.1 \text{kcal}$$

질소　　수소　　　　　암모니아　　　반응열(생성열)

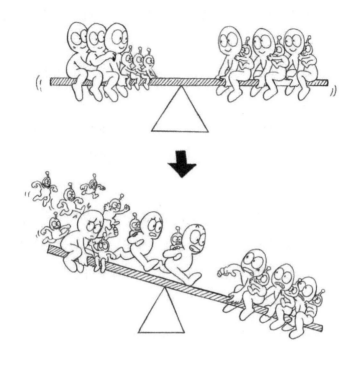

하나의 성분이 증가하면 평형이 벗어난다

으로 실은 이 반응은 발열 반응이라는 것을 알 수 있다. 합성 반응에 대해서 생각해 보면 1몰의 질소(0℃, 1기압에서 22.4ℓ)와 3몰의 수소(마찬가지로 67.2ℓ), 합계 89.6ℓ의 혼합 기체가 100% 반응하였다고 하면 2몰의 암모니아(0℃, 1기압에서 44.8ℓ)가 생성된다. 즉 합성 반응에서는 89.6ℓ의 원료가 44.8ℓ의 암모니아로 되는 것이므로 합성 반응이 진행됨에 따라 전체의 부피는 작아지는 것을 알 수 있다.

이러한 계에 압력을 걸면 르샤틀리에의 법칙에 따라서 계의 평형을 벗어나게 함으로써 압력 증가의 영향을 조금이라도 작게 하려는 경향을 보여 준다. 즉 암모니아 분자를 증가시키는 방향으로 평형을 벗어나게 된다.

즉, 압력을 높이는 편의 평형을 → 방향으로 벗어나게 하여 보다 많은 암모니아를 생성하는 것과 같은 평형 상태가 이루어진다.

다음으로 온도는 어떤 영향을 미칠 것인가? 암모니아 합성 반응은 위에서 언급한 것처럼 발열 반응이기 때문에 합성 반응이 진행됨에 따라서 계의 온도는 높아진다. 이 반응계에 밖으로부터 열을 가하면 가한 열을 조금이라도 완화시키도록 하는 방향, 바꿔 말하면 흡열(吸熱)의 방향으로 평형이 벗어날 것이다. 이것은 암모니아 합성 반응의 입장에서는 역의 효과로서 이 반응계를 가열하면 암모니아가 분해되는 방향으로 평형이 벗어난다.

따라서 암모니아 합성의 입장에서 보면 반응 용기로부터 열을 빼앗도록 하는 것, 즉 반응 용기를 냉각하여 주는 편이 평형 상태가 암모니아 합성에 유리하게 벗어나게 된다.

그러나 화학반응은 활성 분자끼리의 충돌에 의해서 일어나기 때문에 기체의 분자 운동을 활발하게 할 만큼의 열 에너지가 필요하다. 냉각하면 기체의 분자 운동은 둔하게 되기 때문에 반응 속도가 느리게 되어 평형에 도달할 때까지의 시간이 길어진다는 결점이 나온다.

즉 평형을 암모니아 합성에 유리한 방향으로 벗어나게 하기 위해서

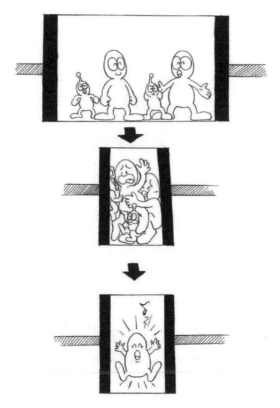

압력이 감소되는 방향으로 반응이 진행되는 것을 르샤틀리에의 법칙이라 한다

는 냉각이 필요하지만, 반응 속도를 빠르게 하기 위해서는 가열이 필요하다고 하는 모순이 있다. 따라서 공업적으로 암모니아를 합성할 때에는 화학 평형은 약간 불리하게 되지만 어느 정도 가열하여 신속히 평형에 도달시키는 것이 필요하다.

예컨대 질소, 수소 가스를 1:3으로 혼합한 경우, 암모니아의 생성률

온도(℃) 압력(기체)	300	500	700	900
1	2.2	0.13	0.02	0.007
100	52.1	10.4	2.14	0.68
200	62.0	25.0	10.0	

*표 안의 단위는 농도(%)

표 6-4 | 암모니아 합성 반응(수소:질소 =3:1)의 암모니아 생성률과 압력, 온도의 관계

은 〈표 6-4〉와 같다. 이 표로부터 압력, 온도가 암모니아의 생성률에 어떻게 영향을 미치는지 알 수 있다.

이 표로부터도 고압, 저온이 암모니아 합성에는 유리하다는 것을 알 수 있지만 공업적으로는 200기압, 500℃의 조건이 선정되고 있다. 너무 고압으로 하면 암모니아 합성의 반응 장치를 상당히 튼튼하게 만들어야 하고, 장치나 고압 펌프 등의 설치 비용도 높아진다.

또 저온이 암모니아 합성 반응에 유리하다는 것은 앞에서 언급한 대로이지만, 온도를 약간 높게 설정하여 반응 속도를 빠르게 해서 평형 도달까지의 시간을 단축하는 것은 생산성을 높이기 위해 필요하다.

예컨대 200기압, 500℃에서는 평형 도달 시 혼합 가스 중에 암모니아는 약 25% 포함되어 있다. 지금 이 온도에서 반응 용기의 압력을 천천히 내려서 1기압으로 하면 평형은 암모니아 분해의 방향으로 벗어나서 애써 만든 암모니아는 0.1%로 감소되어 버린다.

그러나 혼합 가스를 촉매를 채운 반응 용기로부터 끄집어내서 평형

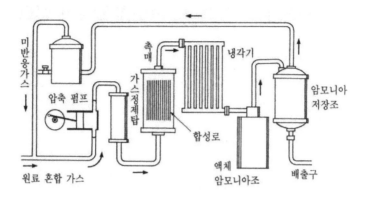

그림 6-1 | 암모니아의 합성 공정(하버-보슈법)

이 벗어나는 것보다 급속히 감압하면 200기압, 500℃에서의 평형이 유지된 채로 1기압의 가스 혼합물을 얻을 수 있게 된다. 반응 용기로부터 끄집어내면 촉매로부터는 분리되어 있기 때문에 온도, 압력이 변화해도 평형 농도는 그렇게 빨리 변화하지 않는다.

공업적으로는 〈그림 6-1〉처럼, 이와 같이 얻은 기체 혼합물을 냉각해서 암모니아만 액체 암모니아로서 분리한다. 나머지의 질소 가스, 수소 가스는 다시 합성의 원료로서 순환시키는 방법으로 암모니아를 연속적으로 제조한다.

4. 촉매는 화학반응의 속도를 빠르게 한다

암모니아 합성에서는 원료인 수소, 질소 가스를 반응 용기에 넣어 고온(500℃), 고압(200기압)으로 가열, 가압하여도 관측 가능한 시간 내에서 암모니아는 거의 생성되지 않는다. 촉매 없이 수소, 질소, 암모니아가 평형 상태에 도달하는 데에는 수십 년이 걸릴지도 모른다.

한편 반응 용기 안에 철에 알루미나와 산화칼륨을 첨가한 촉매 입자를 넣어 고온, 고압을 걸면 수소, 질소는 신속하게 반응해서 평형 농도의 암모니아를 생성한다. 즉 이 철 촉매에 의하여

$$N_2 \quad + \quad 3H_2 \quad \longrightarrow \quad 2NH_3$$

의 암모니아 합성 반응의 반응 속도가 비약적으로 가속되는 것을 알 수 있다.

또 같은 촉매로 암모니아의 분해 반응도 가속된다. 즉 촉매의 이 반응의 →와 ←의 양쪽 방향의 반응 속도를 가속시키는 것이다.

촉매가 어째서 반응 속도를 가속하는지에 관해서는, 그리고 암모니아 합성 반응에 관해서는 다음과 같은 설명이 되어 있다.

반응 용기 속에서 우선 질소 가스(질소 분자)와 수소 가스(수소 분자)가 촉매의 표면에 흡착되는데, 흡착되면 동시에 질소 분자, 수소 분자는 원자 상태로 된다(소반응 i, ii).

기체 상태에서는 질소 분자(N_2)의 질소-질소 결합 에너지는 매우 커서(1몰 당 225kcal) 원자 상태로 되는 것은 쉬운 일이 아니나, 촉매 표면에 흡착된 상태에서는 쉽게 원자 상태가 된다. 수소 분자에 대해서도 마찬가지다.

다만 (i)의 반응은 다음에 언급하는 (ii)~(v)의 반응과 비교하면 느리고, (i)의 소반응이 이 전체 반응 (i)~(v)의 속도 결정 단계가 된다. 여기서 (a)는 그 물질이 촉매 표면에 흡착되어 있는 상태를 보여 준다.

$$N_2 + 3H_2 \underset{\text{철촉매}}{\rightleftharpoons} 2NH_3$$

$$N_2 \overset{\text{느리다}}{\rightleftharpoons} 2N_{(a)} \text{ (촉매 표면으로의 흡착)} \tag{i}$$

$$H_2 \overset{\text{빠르다}}{\rightleftharpoons} 2H_{(a)} \text{ (촉매 표면의 흡착)} \tag{ii}$$

$$N_{(a)} + H_{(a)} \overset{\text{빠르다}}{\rightleftharpoons} NH_{(a)} \text{ (촉매 표면에서의 반응)} \tag{iii}$$

$$NH_{(a)} + H_{(a)} \overset{\text{빠르다}}{\rightleftharpoons} NH_{(a)} \text{ (촉매 표면에서의 반응)} \tag{iv}$$

$$NH_{2(a)} + H_{(a)} \overset{\text{빠르다}}{\rightleftharpoons} NH_3 \text{ (암모니아는 생성됨과 동시에} \tag{v}$$
$$\text{표면으로부터 튀어나간다)}$$

촉매 표면에 흡착된 상태의 질소 분자, 수소 분자는 반응하기 쉽고 수소 원자가 질소 원자에 충돌을 반복할 때마다 NH, NH_2를 거쳐 NH_3로 성장한다. NH_3는 생성되는 바로 그 순간 촉매 표면으로부터 튀어 나간다.

암모니아 분해 반응에서는 이 역방향으로 진행한다. 즉 암모니아 분자가 촉매 표면에 흡착되면 신속하게 질소와 수소의 결합이 하나씩 절단되어서 마지막에 각각 수소 원자, 질소 원자끼리 결합되어 수소, 분자, 질소 분자가 생긴 시점에 촉매 표면으로부터 튀어 나간다.

(i)~(v)의 반응을 암모니아 합성 반응의 소반응이라 부르고, 또 도중에 생성되는 불안정한 화합물을 반응 중간체라 한다. 소반응에는 빠른 것과 느린 것 등 여러 가지가 있지만 모든 소반응이 연쇄적으로 연결되어 전체의 반응이 완성되고 있기 때문에 전체의 반응 속도는 소반응 중 가장 느린 소반응의 속도에 의존하게 된다. 즉 가장 느린 (i)의 반응 속도에 의존하게 된다.

이것은 앞에서도 말한 것처럼 기차역 광장이나 계단, 플랫폼이 아무리 넓어도 여객의 흐름은 개찰구의 처리 방법에 의존하는 것과 전적으로 같다.

암모니아의 생산은 촉매의 발견으로 공업화되었다

암모니아는 현재 위에서 언급한 철-알루미나-산화칼륨계 촉매를 사용하여 세계 각국에서 공업적으로 생산되고 있고, 그 발명자의 이름을 따서 하버-보슈법(Harber Bosch's process)이라 부르고 있는데, 그 완성까지에는 많은 과학자의 오랜 세월에 걸친 노력이 있었다.

19세기에 들어와서 유럽에서는 산업혁명에 수반하여 인구에 폭발적으로 증가해서 식량의 증산은 불가피한 문제가 되었다. 그 식량의 증산에 가장 필요한 것이 질소 비료였다.

당시 자운영 등의 자연농법으로는 도저히 그 수요를 감당할 수 없었고, 그렇다고 해서 도시가스 공장 등에서 부산물로서 얻어지는 황산암모늄(유안비료)도 양적으로 보잘것없었으며, 단지 하나 의지할 것은 남미의 칠레에서 수입되는 칠레초석(질산나트륨)뿐이었다. 그러나 칠레초석은 고대 바닷새의 분변이 퇴적하여 생긴 것이기 때문에 많이 있는 것은 아니다.

이러한 사정에 있었기 때문에 공기 중의 질소를 비료로 이용할 수 있는 화합물로 바꾸는 연구는 당시의 유럽에서는 최우선의 연구 테마였다.

공기 중의 질소를 수소에 직접 반응시켜서 암모니아의 형태로 비료로 사용하려는 연구가 본격적으로 시작된 것은 1903년 독일의 화학자 하버에 의해서였다.

하버는 연구실에서 암모니아 합성 반응

$$N_2 + 3H_2 \rightleftharpoons 2NH_3$$

질소   수소   암모니아

의 화학 평형 연구부터 착수하였다. 당시는 일반적으로 화학반응을 진행시키기 위해서는 가급적 고온으로 하는 편이 좋다고 생각되고 있었다. 이것은 앞에서도 말한 것처럼 일반적으로 고온일수록 반응 속도가 빨라지기 때문이다.

그러나 그는 평형의 위치가 고온일수록 암모니아 합성에 유리하게 되는 것은 아님을 발견하였다. 이것은 르샤틀리에의 법칙으로부터는 당연히 예상할 수 있는 부분으로서, 암모니아 합성 반응과 같은 발열 반응에서는 반대로 온도가 낮을수록 유리해진다.

따라서 발열 반응에서 생성물을 가급적 많이 얻기 위해서는 저온에서 반응시키는 것이 바람직하지만, 저온에서 반응 속도를 높이는 데에는 촉매의 존재가 꼭 필요하게 된다. 이러한 이유 때문에 하버는 우수한 촉매를 발견하는 것이 암모니아 합성법의 실용화의 열쇠가 된다는 것을 알아차렸다.

당시 촉매가 어떤 메커니즘으로 작용하는지는 전혀 몰랐고 단지 맹목적으로 촉매가 될 만한 것을 하나씩 시험하는 길밖에 없었다.

촉매의 탐색은 하버 혼자만으로는 도저히 어려워 같은 독일의 화학자 보슈의 협력을 얻어 1909년 비로소 유망한 촉매를 발견하였다. 즉

오스뮴(osmium)이라는 원소의 분말이 우수한 촉매 활성을 나타냄을 알게 되어, 독일 최대의 화학회사 BASF에서 같은 해 7월 2일에 이루어진 실험실 규모의 연소 합성 실험에서는 높이 314cm의 세로형(vertical type) 합성 장치를 이용하여 압력 175기압, 온도 900℃(상부)~600℃(하부)로 시간당 90g의 암모니아를 합성하는 데에 성공하였다.

그러나 오스뮴이라는 원소는 유독한데다가 귀금속으로서 자원적으로도 제약되고 있기 때문에 공업적인 촉매로서는 부적합하여 다시 공업적으로 이용하기 쉬운 촉매의 탐색이 활발하게 계속되었다. 그 결과 철-알루미나(산화알루미늄)-산화칼륨계의 촉매가 가장 촉매 활성이 높다는 것을 찾아내어 1910년 3월, 이 철 촉매에 의한 암모니아가 처음으로 생산되었다.

1913년 독일에서는 1일 생산량 10톤의 암모니아 합성 공장이 완성되었고, 그 뒤로 이 방법에 의한 암모니아 합성 공업은 확장되어 현재에 이르고 있다. 이 방법이 하버-보슈법이고, 이 업적으로 1918년의 노벨 화학상이 하버에게 수여되었다.

암모니아 합성법은 철-알루미나-산화칼륨이 촉매로서 매우 유효했기 때문이었다고는 해도 이 촉매가 어떠한 화학반응에도 촉매로서의 작용이 있다고는 할 수 없다.

촉매라는 것은 각각의 화학반응에 특이하게 작용하는 것이어서 하나하나의 화학반응에 대해서 최적의 촉매를 찾아내지 않으면 안 된다.

이상에서 언급한 암모니아 합성 반응에 대한 촉매의 작용으로부터 알 수 있는 것처럼, 촉매가 존재하지 않고서는 화학반응은 촉진되지 않지만 촉매 자신은 변화하지 않고 따라서 없어지는 일은 없다.

제9장에서 다시 언급하겠지만 촉매는 화학공업에서 널리 사용되고 있을 뿐 아니라 우리 주변에도 많은 작용을 하고 있다.

7장

일회용 난로는 왜 따뜻해지는가

— 열화학반응

1. 화학반응으로 열이 발생한다

공기 중에서 프로판가스에 점화하면 힘차게 불타오른다. 이와 동시에 발열하기 때문에 가정에서도 연료로서 널리 사용되고 있다. 이것은

$$C_3H_8(기체) + 5O_2(기체) \rightarrow 3CO_2(기체) + 4H_2O(액체)$$

프로판   산소   이산화탄소   물

+531kcal

의 반응에 수반하여 프로판 1몰(0℃, 1기압에서 22.4ℓ)에 대해서 531kcal의 열이 발생하기 때문이다.

물질은 연소하지 않아도 공기 중의 산소와 결합함으로써 발열하는 경우도 있다. 일회용 난로는 플라스틱의 겉 봉지에 봉입되어 있는데 사용할 때 이 겉 봉지를 찢어 난로를 끄집어내서 잘 비벼 흔들어 섞는다. 난로는 통기성이 좋은 종이로 만들어져 있기 때문에 이 조작으로 봉지 속의 철가루가 봉지의 밖으로부터 들어온 공기와 접촉하게 된다. 여기서

$$4Fe(고체) + 3O_2(기체) \rightarrow 2Fe_2O_3(고체) + 394kcal$$

철가루   산소(공기 중)   산화철

일회용 난로는 철과 산소의 결합으로 열을 발생시킨다

의 반응이 일어나고 철 가루 4몰(223.4g)에 대해서 394kcal의 열을 발생하기 때문이다. 철 가루는 공기를 차단해 두면 영구히 철 가루로서 보존할 수 있으나 일단 공기와 접촉을 하면 산소와 결합해서 발열한다.

　그런데 산소와 결합하는 반응(산화 반응)만이 발열하는 것도 아니다. 예컨대 생석회에 물을 뿌리면 격렬하게 반응하고 발열한다. 이 원리는 실내의 진드기나 바퀴벌레를 퇴치하는 데 사용되는 훈증제(燻蒸制)의 가열 수단으로 또는 캔에 든 술의 인스턴트 가열 수단으로 응용되고 있나. 이때의 화학반응은 나음의 반응식으로 나타낼 수 있다.

$$CaO(고체) + H_2O(액체) \rightarrow Ca(OH)_2(고체) + 15.5kcal$$

　　생석회　　　　　물　　　　　수산화칼슘

　이 반응열로 예컨대 50g의 생석회에 물을 가하면 0℃의 물 1ℓ를

13℃까지 데울 수 있다. 위에서 언급한 것처럼 화학반응에 수반하여 발생하는 열량도 동시에 표시한 화학반응식을 열화학반응식이라 한다.

그런데 여기서 이야기가 옆길로 새지만 열의 정체에 대해서 생각해보자. 인류는 석기시대부터 풀, 나무, 목탄, 동물의 분, 동식물의 기름 등을 연소시켜 따뜻함을 얻고 음식물을 요리하며 또 조명에도 이용하여 왔다. 이것들은 모두 연소 반응에 수반해서 발생하는 열이나 빛이 이용되고 있는 것이다.

원래 열이란 물질의 온도를 높이는 원인으로 생각되어 왔다. 예컨대 아리스토텔레스(B.C 384~322)에 따르면 천지만물은 물, 공기, 흙, 불의 4개를 원소로 하여 만들어져 있고 4개가 가지는 특성이 만물의 여러 가지 성질의 기본이 되며 이 4개가 서로 혼합되는 분량의 비율에 따라서 여러 가지 성질의 서로 다른 만물이 만들어진다고 생각하였다. 4개의 원소가 가지는 각각의 특성이란 온(溫), 냉(冷), 건(乾), 습(濕)의 네 가지이다. 물은 습·냉, 공기는 습·온, 흙은 건·냉, 불은 건·온한 것이라고 여겼다.

그 뒤 19세기 중반 가까이까지 열은 무게를 갖지 않는 일종의 물질이라는 사고방식이 지배적이었다. 따라서 당시의 열 현상에 대한 연구는, 열은 물질과 마찬가지로 하나의 물체로부터 다른 물체로 흐르고 그 전체량은 보존된다는 가정이었다.

이 열물질설(熱物質說)로 대부분의 열 현상은 설명되었으나 마찰열(摩擦熱)의 현상만은 정확히 설명할 수 없었다. 예컨대 포신(砲身)의 속을 연

분자의 진동이 격렬해지면 결국 고체는 액체가 된다.

장으로 도려 파내는 작업에서 열이 끝없이 발생하는 현상을 열물질설로는 아무리 해도 설명할 수 없었다. 다시금 진공 속에서 얼음을 마찰하면 얼음은 녹아서 0℃ 이상으로 되는 것으로부터 데이비는 1899년에 열은 역학적 에너지의 소비에 의해서 발생하는 것을 증명하였다. 그렇게 하여 열은 물질을 구성하는 입자의 운동이라고 하는 열운동설(熱運動設)을 주장하였다.

그 뒤 열과 일을 정량적으로 자유로이 변환할 수 있음이 증명되어 열운동설이 정착되었다. 이와 같이 하여 열은 물질 입자의 운동에 바탕을 둔 에너지의 일종이라는 것이 밝혀졌다. 오늘날에는 당연한 것이지만 열이 에너지의 하나의 형태라는 사고가 널리 인정받게 된 것은 그다시 오래되시 않았나.

열은 하나의 에너지 형태이고 저온의 물체에 열이 들어가면 물체를 구성하는 입자(원자, 분자, 이온 등)의 운동 상태가 활발해지고 그 결과 물체의 온도가 올라간다. 즉 저온의 물체에 비하여 고온의 물체에서는 물체를 구성하고 있는 입자의 운동이 활발하고 그만큼 여분의 에너지를 갖게 된다.

예컨대 물에 대해서 생각해 보자. 0℃ 이하가 되면 액체인 물은 얼음이 된다.

얼음이란 물의 결정(結晶)으로 물의 분자가 다음과 같이 규칙적으로 배열되어 있다. 다만 0℃에서 얼음이 되었다 하더라도 얼음 결정 속에서 물 분자는 한 점에 머무르면서도 각각의 위치에서 회전하거나 1초에 10만 회 정도의 속도로 극히 가늘게 진동한다. 온도가 낮아짐에 따라서, 바꿔 말하면 0℃의 얼음으로부터 열 에너지가 제거되어 감에 따라서 물 분자의 진동은 약해지고 −273℃에서는 완전히 정지해 버린다. 이 온도를 절대영도(絕對零度)라 한다. 절대영도에서는 물질을 구성하는 모든 입자의 운동은 정지한다. 한마디로 정적(靜寂)의 세계이다.

반대로 절대영도의 물질에 외부로부터 열이 가해지면 입자의 흔들림이 차츰 시작된다. 그 현상을 우리는 물질의 온도 상승으로 관측하는 것이다. 얼음의 경우 0℃까지 온도가 오르면 지금까지 일정한 위치에 머무르면서 극히 가늘게 진동하고 있던 얼음 분자의 진동이 차츰 격렬해지고 일정 위치에서 튀어 나가게 된다. 그래도 아직 물 분자끼리의 인력 때문에 자유로이 움직여 돌아다닐 정도까지는 되지 않는다. 마치 만원버스 속에서 밀치락달치락하면서 움직이는 것과 같은 상태이다. 이것이 얼음의 온도가 0℃ 이상으로 되고 얼음이 녹아서 액체의 물로 된 상태이다. 액체의 물에 열이 가해짐에 따라서 물 분자의 운동은 거듭 활발해진다. 그리고 이것은 물의 온도 상승으로서 관측된다.

물 분자의 운동이 활발해짐에 따라서 물 분자 집단으로부터 공간으로 튀어 나와 공간을 자유로이 날아다닐 수 있는 큰 에너지를 갖는 물 분자도 나타난다. 물의 온도가 높을수록 이러한 큰 운동 에너지를 갖는 물 분자의 수가 증가한다. 이것이 물의 증발 현상이다.

수증기에서는 각각의 물 분자가 서로 관계없이 이 공간을 자유로이 날아다니고 있고, 1개의 물 분자가 가지는 에너지도 얼음이나 액체의 물에 비하면 각별히 크다. 물질이 가지는 이러한 에너지를 내부 에너지라 부른다. 저온 때에 비하여 고온의 물질은 보다 큰 내부 에너지를 갖게 된다.

여기서 다시 한 번 이 장의 첫머리에서 언급한 열화학 방정식을 읽어 보자. 열화학 방정식에서는 화학반응에 관여하는 각 물질에 각각 물질의 상태를 괄호로 표시하고 있다. 이것은 물질의 내부 에너지가 그 상태에 따라 변화하기 때문에 그 상태를 분명히 규정하지 않으면 올바른 열의 수지(收支: balance)를 나타낼 수 없기 때문이다. 특히 미리 알리고 있지 않을 때에는 그 물질이 25℃, 1기압의 조건에서 안정된 상태를 보여 주고 있는 일이 많다. 예컨대 물은 25℃, 1기압에서는 액체, 탄소는 고체, 산소나 이산화탄소는 기체이다.

그리고 또 한 가지는 방정식 우변의 마지막에 붙인 반응열의 수치 부호에 관한 것이다. 이 장의 시작에서 언급한 세 가지 반응은 모두 발열 반응이었기 때문에 플러스이지만 화학반응이 모두 발열 반응이라고 할 수는 없다.

예컨대 질소가 산화되어서 산화질소가 되는 것과 같은 반응에서는 다음에 보여 주는 것처럼 흡열 반응이고 이 경우는 마이너스 부호가 된다.

$$N_2(기체) + O_2(기체) \rightarrow 2NO(기체) \quad -43.2\text{kcal}$$

이와 같이 열화학 방정식에서는 일정량의 물질이 반응하였을 때 얼마만큼의 열이 발생하고 열을 흡수하는지를 하나의 반응식으로 표시할 수 있다.

2. 화학 에너지

발열 반응에서는 화학반응에 수반하여 열이 발생한다. 이 열 에너지는 어디서 나온 것일까?

반복되는 말이지만 숯이 연소하는 경우를 생각해 보자.

$$C(고체) + O_2(기체) \rightarrow CO_2(기체) + 94.1kcal$$

숯이 연소하여 열을 발생시킨다는 것은 고체인 숯(탄소) 1몰과 산소 1몰이 가지는 에너지에 비해서 이산화탄소 1몰이 가지는 에너지가 94.1kcal 적기 때문에 그 몫이 열로 되어서 발생하였다고 생각할 수 있다.

일반적으로 화학반응에서는 반응물이 화학변화를 일으켜서 생성물로 변화한다. 이때 반응물을 구성하고 있는 분지 간의 원자 결합의 재편성이 일어나고 그때 열의 출입을 수반하게 된다.

반응물질이 갖는 에너지의 총합에 비해서 생성물이 갖는 에너지의 총합이 작으면 여분의 에너지가 열로서 발생한다. 만일 전자에 비해서 후자가 크면 부족한 에너지가 흡수되기 때문에 온도는 내려가서 흡열

결합	H-H	H-Cl	Cl-Cl	C-H	C-C	C=C
결합 에너지	104.2	103	57.8	98.7	83.2	145.2

결합	C≡C	O-H	N-H	C-O	C=O	O=O
결합 에너지	198.1	110.7	93.4	84.1	173.2	117.3

표 7-1 | 결합 에너지(단위는 1몰 당 kcal)

반응이 된다.

이것이 화학 에너지의 정체이며 주로 원자 간의 결합 에너지로서 비축되어 있고, 이것도 내부 에너지의 일종이다.

결합이 끊어지기 위해서는 밖으로부터 에너지를 받고, 새롭게 결합이 생길 때에는 에너지를 방출한다.

결합을 끊는 데에 필요한 에너지를 해리 에너지라 부른다. 결합이 강할수록 해리 에너지는 커지기 때문에 결합 에너지라고 부르는 일도 있다. 뿔뿔이 흩어진 원자가 결합할 때에는 해리 에너지와 같은 크기의 에너지를 방출하는 것이 되기 때문이다.

주요 원자 간의 결합 에너지(해리 에너지)에 대해서는 1몰당의 크기를 〈표 7-1〉에 나타냈다. 예컨대 수소 원자(H)는 매우 불안정하여 다량의 열을 방출하고 결합하여 안정한 수소 분자(수소 가스, H_2)가 된다.

$$2H \rightleftharpoons H_2 + 104.2 kcal$$

수소 원자   수소 분자

화학반응에 열의 수지는 결정되어 있다

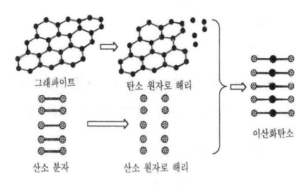

그림 7-1 | 그래파이트의 연소

역으로 수소 가스를 고온으로 가열하면 수소 분자는 다량의 열을 흡수하여 2개의 수소 원자로 해리한다. 이러한 것은 2몰의 수소 원자는 1몰의 수소 분자에 비하여 104.2kcal 만큼 많은 에너지를 H-H 결합으로서 비축하고 있는 것이 된다. 이것이 결합 에너지이다.

이와 같이 생각하면 반응열이란 반응에 의해서 생성·절단되고 결합되는 화학결합이 가지는 결합 에너지의 수지계산(收支計算)이라고 할 수도 있다.

예컨대 숯이 연소하여 이산화탄소가 되는 반응에 대해서 생각해 보자. 목탄은 화학적으로 일정하지 않기 때문에 순도가 높은 고체의 탄소로서 그래파이트(graphite: 흑연)를 연소시키는 경우를 가정한다.

$$C(고체) \ + \ O_2(기체) \ \rightarrow \ CO_2(기체) \ + \ 94.1kcal$$
그래파이트　　　　　산소　　　　　　이산화탄소

그래파이트는 탄소 원자가 결합된 순수한 탄소의 결정으로 일종의 고분자 화합물이기도 한다. 건전지의 한가운데에 매립되어 있는 탄소 전극도 그래파이트이다.

그래파이트와 산소와의 결합은 실제로는 그래파이트 분자에 산소가 충돌하여 중간체로서 그래파이트-산소의 복합체가 생성되고, 이 복합체 속에서 결합의 재편성이 일어나 이산화탄소가 생성되는 것으로 생각되고 있다.

그러나 화학결합의 재편성은 다음과 같은 과정을 가정하여도 에너

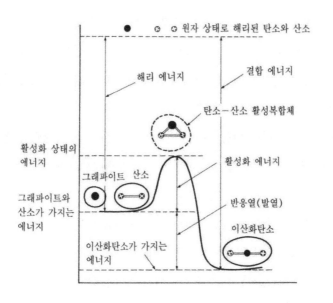

그림 7-2 | 그래파이트의 연소에 있어서의 에너지 수지

지적으로는 같은 결과가 얻어진다. 즉 그래파이트인 탄소는 일단 뿔뿔이 흩어진 탄소 원자가 된다. 또한 산소 분자는 산소끼리의 결합이 끊겨 뿔뿔이 흩어진 산소 원자가 된다. 계속해서 새롭게 탄소 원자와 산소 원자 사이에 결합이 생겨서 이산화탄소가 생성된다(〈그림 7-1〉). 이 방식에 따라서 에너지의 출입을 생각해 보자.

탄소 원자 간의 결합을 끊어서 각각의 탄소 원자로 하기 위해서는 그래파이트 1몰(12g)당 171kcal의 에너지를 필요로 한다.

마찬가지로 산소 분자의 산소 원자 간의 결합(O=O)을 끊어서 각각의 산소 원자로 하는 데에는 산소 분자 1몰(32g)당 117kcal의 에너지를 필요로 한다.

한편 이산화탄소가 탄소 원자 1개와 산소 원자 2개를 결합하여 생성될 때에는 383kcal의 에너지를 발생한다.

따라서 위의 반응에서는 반응물질이 원자로 해리되는 데에 필요한 에너지의 총합(171+117=288kcal)과 생성물이 발생하는 에너지(383kcal)와의 차, 95kcal가 반응열로서 발생하게 된다. 이것은 실측치인 94kcal와 거의 일치한다(〈그림 7-2〉).

이 계산에서는 그래파이트의 탄소가 뿔뿔이 흩어지고 산소 분자도 산소 원자로 분해되어, 탄소 원자와 산소 원자가 재결합하여 이산화탄소가 생성되었다고 보았다. 그러나 앞에서도 잠깐 언급한 것처럼, 그래파이트의 연소에서 반응물이 어떠한 경로를 거쳐 이산화탄소로 되었는지와 관계없이 이 반응의 반응열은 일정하다.

총열량 불변의 법칙

그 근거는 1840년 스위스의 화학자 헤스(G. H. Hess)가 확립한 총열량 불변의 법칙에 따르고 있다. 이 법칙은 '최초의 물질과 최후의 물질이 같으면 그 사이의 화학반응의 경로가 어떻게 달라져 있어도 최초와 최후의 물질을 연결하는 화학반응의 반응열(부호도 포함)의 종합은 항상 같다'라는 것이다.

산소와 수소로부터 물이 생기는 반응에 대해서 설명하자.

$$H_2 \;+\; \frac{1}{2} O_2 \rightarrow H_2O \;+\; 68.3\,kcal$$

수소   산소   물

수소(H_2)와 산소($\frac{1}{2} O_2$)가 반응하여 액체의 물이 생길 때에는 68.3kcal의 열을 발생한다.

또 수소($H2$)와 산소($\frac{1}{2} O_2$)로부터 1몰의 수증기가 생길 때에는 57.8kcal의 열이 발생한다. 이 수증기가 액체의 물로 될 때에는 10.5kcal의 열을 발생한다. 그렇게 하면

$$H_2 \;+\; \frac{1}{2} O_2 \rightarrow H_2O \;\rightarrow\; H_2O$$

수증기   물

의 경로에서는 57.8+10.5=68.3kcal가 되어

$$H_2 \;+\; \frac{1}{2} O_2 \rightarrow H_2O$$

물

의 경로의 68.3kcal와 같게 된다. 즉 경로는 달라도 원료 물질(수소 기체, 산소 기체)과 최종 생성물인 액체의 물이 결정되어 있으면 경로의 여하를 불문하고 반응열의 총합은 68.3kcal로 되는 것이다. 그 관계를 〈그림 7-3〉에 표시하였다.

〈표 7-2〉에는 탄소(그래파이트)나 수소의 연소열 이외에 몇 가지 유

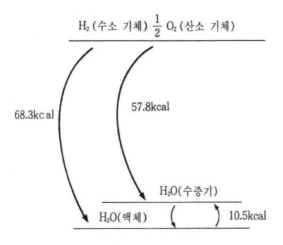

H_2(수소 기체) $\frac{1}{2}$ O_2(산소 기체)

68.3kcal

57.8kcal

H_2O(수증기)

H_2O(액체)

10.5kcal

그림 7-3 | 물의 생성열의 관계

기 화합물의 연소열을 나타냈다. 헤스의 법칙을 이용하면 표에 없는 물질의 연소열을 계산해 낼 수도 있다.

에탄, 에틸렌, 수소의 연소열은 〈표 7-2〉로부터 다음과 같이 된다.

$$C_2H_6(기체) + 3\frac{1}{2}O_2(기체)$$
에탄   산소
$$\rightarrow 2CO_2(기체) + 3H_2O(액체) + 372.8kcal \quad (i)$$
이산화탄소   물

$$C_2H_4(기체) + 3O_2(기체)$$
에틸렌   산소
$$\rightarrow 2CO_2(기체) + 2H_2O(액체) + 337.28kcal \quad (ii)$$
이산화탄소   물

물질	화학식	연소열 (1몰 당 Kcal)
수소(기체)	H_2	68.32
탄소(그래파이트, 고체)	C	94.05
메탄(기체)	CH_4	212.79
에탄(기체)	C_2H_6	372.81
프로판(기체)	C_3H_8	530.58
에틸렌(기체)	$CH_2=CH_2$	337.28
에탄올(기체)	CH_3CH_2OH	326.86
설탕(고체)	$C_{12}H_{22}O_{11}$	1351.29

표 7-2 | 몇 가지 화합물의 연소열(25℃, 1기압)

$$H_2(기체) + \frac{1}{2}O_2(기체) \rightarrow H_2O(액체) + 68.32\text{kcal} \quad (\text{iii})$$

수소　　　　산소　　　　　물

(i)에서 (ii), (iii)식을 빼면

$$C_2H_6(기체) - C_2H_4(기체) - H_2(기체)$$

에탄　　　　에틸렌　　　수소

$$= 372.81 - 337.28 - 68.32$$
$$= -32.79\text{kcal}$$

이 식을 바꿔 쓰면

$$C_2H_4(기체) + H_2(기체) = C_2H_6(기체) + 32.79\text{kcal}$$

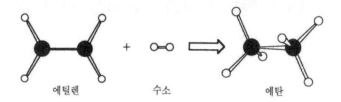

에틸렌   수소   에탄

즉, 에틸렌에 수소를 첨가하여 에탄을 만들 때에는 32.79kcal의 발열이 일어남을 헤스의 법칙으로부터 예측할 수 있고 이 값은 실험과 일치되는 것으로 알려져 있다.

일반적으로 말해서 결합 에너지가 큰 결합으로 되어 있는 분자일수록 안정적이고 생성되기 쉽다. 따라서 강한 결합이 되는 화학반응일수록 일어나기 쉽다고 말해도 된다.

그러나 발열이 큰 반응일수록 일어나기 쉽고, 자연히 일어나는 화학반응이 모두 발열 반응인가 하면 그렇지도 않다. 흡열반응도 가끔은 일어난다.

여기에 화학반응의 복잡성이 있다.

3. 다시 화학반응 발생의 용이성에 대하여

지금까지 화학반응 발생의 용이성이라는 말을 사용해 왔지만 이제까지 공부해 온 것으로부터 생각해 보면 매우 애매한 의미밖에는 가지지 않음을 알 수 있다. 즉 반응 발생의 용이성에는

1. 반응이 어떻게 빨리 진행하는가 하는 반응 속도의 문제
2. 반응이 어느 정도 진행하는가 하는 화학 평형의 문제

를 나누어서 생각해야 한다.

화학반응의 속도는 온도, 압력, 농도 등 여러 가지 요소에 의해서 지배되고 또 촉매의 유무에 따라서도 크게 영향을 받는다는 것을 배웠다.

반응을 어떠한 조건으로 행할 것인가를 잘 결정하고 있지 않는 한 무엇을 반응물질로 사용할 것인지, 그 조합만을 주어도 반응 속도는 결정되지 않는다.

다음으로 화학 평형의 문제는 반응 속도가 충분히 빠른 경우, 충분한 시간을 주면 정방향의 반응 속도와 역방향의 반응 속도가 같아진 점

에서 그 반응은 평형 상태가 된다. 어느 위치에서 평형으로 되는지는 질량 작용의 법칙에 따라서 지배된다.

평형의 위치와 반응의 속도 사이에 단순한 관계는 존재하지 않는다. 예컨대 산소와 수소가 반응하여 물을 생성하는 반응에서

$$O_2 \quad + \quad 2H_2 \quad \rightleftharpoons \quad 2H_2O$$
산소 　　　 수소 　　　 수증기

그 평형 위치는 생성물인 물 쪽으로 거의 완전하게 기울고 있지만 촉매가 없는 순수한 상태에서는 산소 가스와 수소 가스를 혼합해 두어도 물은 거의 생성되지 않는다(반응 속도는 0에 가깝다).

또 반응 속도와 반응열 사이에도 단순한 관계가 반드시 존재하지는 않는다. 마찬가지로 화학 평형의 위치와 반응열 사이에도 단순한 관계는 존재하지 않는다.

발열량이 클수록 반드시 반응 속도가 빠르다고는 말할 수 없다. 확실히 발열량이 큰 반응이 빨리 진행되는 경우는 많지만, 상온 부근에서 일어나는 흡열 반응도 알려져 있다.

예컨대 석회석을 태워서 생석회를 만드는 반응

$$CaCO_3(고체) \xrightleftharpoons{가열} CaO(고체) \ + \ CO_2(기체) - 42.5kcal$$

　석회석 　　　　　 생석회 　　　　　 이산화탄소
（탄산칼슘） 　　　 （산화칼슘）

이나 암모니아의 분해 반응

$$2NH_3(기체) \rightarrow N_2(기체) + 3H_2(기체) - 22.1kcal$$
암모니아   질소   수소

등은 흡열 반응이다. 이들 사실은 반응에 의해서 발열하는 것은 확실히
반응이 왜 일어나는가를 지배하는 중요한 요인의 하나이기는 하지만,
발열의 유무만이 요인이 되는 것은 결코 아니라는 것을 의미한다.

8장

자라는 삼나무와
부패하는 죽은 나무

— 엔트로피(난잡성)

1. 컵에 떨어진 한 방울의 먹물

컵에 물을 채우고 이 속에 먹물을 한 방울 떨어뜨려 본다. 먹물 방울은 꼬리를 끌면서 물속으로 가라앉는다. 처음에는 한 방울의 형태가 남아 있지만, 컵의 물을 휘저어 섞지 않아도 며칠 지나면 컵 가득히 퍼져서 물 전체가 회색으로 된다.

이것은 확산(擴散)이라는 현상이다. 섞지 않아도 어째서 먹물은 자연히 컵 가득히 퍼져서 엷어지는 것일까?

이것은 분자의 열운동에 따르기 때문이다.

앞에서도 말한 것처럼 분자는 그 온도에 따른 운동 에너지를 가지고 돌아다니고 있다. 기체의 경우 각각의 분자는 다른 분자에 관계없이 직진하면서 날아다니고 있다. 당구공처럼 기벽에 부딪혀서 다시 튕기는 것도 있고 또 분자끼리 충돌하는 경우도 있다.

온도가 높을수록 분자 운동은 격렬해진다. 기체 분자의 경우 0℃, 1기압에서 22.4ℓ의 용기 속에 6.02×10^{23}개의 분자가 존재하고 그것들이 초속 수백 미터의 속도로 여러 방향으로 날아다니고 있다. 이와 같은 혼잡한 상황이므로 충돌의 횟수도 1초에 10^{27}회라는 빈도로 일어나고,

충돌하지 않고 직진할 수 있는 거리는 1만분의 1mm 정도가 된다.

　액체의 경우는 기체 분자만큼의 자유도는 없다. 기체에 비하여 액체의 경우 분자의 수는 현격한 차이로 붐비고 있고 액체 분자끼리 어느 정도의 구속이 있기 때문이다. 러시아워 때 플랫폼의 혼잡한 상태를 상상하면 된다. 기체의 분자가 붐비는 상황에 비하여 액체의 경우 분자가 붐비는 것이 각별히 크다는 것은 상상하기 쉽다. 예컨대 22.4ℓ의 물속에는 7×10^{26}개의 물 분자(H_2O)가 포함되어 있기 때문에 0℃, 1기압의 수증기의 경우보다 1,000배나 혼잡하다. 그리고 이 경우도 액체의 온도가 높을수록 분자의 운동은 격렬해진다.

　한 방울의 먹물이 물에 떨어진다. 먹물의 검은 입자(탄소의 미분말)에 주위의 물 분자가 충돌을 되풀이하여 탄소의 입자는 차츰 물 분자 사이로 이동해 간다. 충분한 시간이 경과한 뒤에 탄소의 입자는 컵의 물 전체에 균일하게 분산된다.

　기체나 액체가 팽창하거나 혼합되거나 하는 자발적인 변화는 그 물질을 구성하고 있는 분자·원자·이온 등의 입자의 불규칙적인 운동에 따르고, 이들 입자가 보다 난잡하게 되는 방향으로 변화한다.

　물에 떨어진 한 방울의 먹물이 컵 전체로 분산해 가는 것도 자연의 추세이다. 마찬가지로 화학반응에 있어서도 반응에 관여하는 입자(분자, 원자, 이온)의 배치 상태의 변화가 화학반응의 진행 방법에 중요한 의미를 가진다.

　화학반응은 되풀이 말한 것처럼 물질을 구성하고 있는 분자, 더욱이 분자를 구성하고 있는 원자의 결합 상태의 변화를 결과로 일어난다. 그때 분자의 집합과 분산 상태가 변화하는 것만이 아니고, 처음에 있었던 분자가 소멸하고 새로운 분자가 탄생하는 등의 변화도 일어난다. 그래서 구성 입자의 배치를 보다 난잡하게 하려는 경향이 화학반응을 진행시키는 힘이 되는 것이다.

예컨대 죽어서 부패해 가는 나무 한 그루를 보자. 나무는 셀룰로오스(cellulose)를 주성분으로 하고 리그닌(lignin)을 제2성분으로 하는 목질(木質) 세포가 규칙성 있게 배열된 물질이다. 그 모양은 나무의 단편을 현미경으로 조사하면 잘 알 수 있다.

나무가 부패해 가는 현상은 죽은 나무에 미생물(곰팡이)이 기생하여 셀룰로오스나 리그닌을 분해해서 이산화탄소와 물로 변화시켜 가는 것이다. 미생물의 생체 내에서는 복잡한 화학변화가 진행되고 있지만 결론만을 화학 방정식으로 표시하면 다음과 같다. 가장 간단한 예로서 글루코오스의 경우를 보자.

$$C_6H_{12}O_6 \; + \; 6O_2 \longrightarrow 6CO_2 \; + \; 6H_2O$$

글루코오스　　　산소　　　　이산화탄소　　　수증기

사실 셀룰로오스는 $C_6H_{12}O_6$ 조성을 가지는 글루코오스라고 하는 분자가 수천 개 결합한, 소위 고분자 화합물로서

$$[-(C_6H_{11}O_5)-O-(C_6H_{11}O_5)-]_n$$

엔트로피의 법칙—물체는 난잡하게 되는 방향으로 진행한다.

으로 나타내야 할 것이나 위의 반응식에서는 간단하게 하기 위해서 그 구성단위인 글루코오스 $C_6H_{12}O_6$로 대표하였다.

즉 글루코오스가 수천 개 결합된 거대한 분자 1개가 다수의 산소 분자와 결합함으로써 수천 개, 수만 개의 이산화탄소와 수증기로 변화해 버린다. 생성된 이산화탄소와 물은 제각기 불규칙적으로 운동하게 된다. 이와 같이 질서 있는 분자, 원자의 배열 상태로부터 난잡한 배열로 옮겨 가는 것이 자연의 추세이다.

질서 있는 집합과 난잡한 배열은 구별될 수 있을지도 모르지만 '난잡성'의 정도를 정확하게 表現하는 것은 상당히 어려운 문제이다. 운동회에서 매스 게임이 한창인 때는 어린이들은 정연하게 움직이고 있다. 그러나 매스 게임이 끝나고 점심식사 시간에 들어가는 순간 어린이들은 제멋대로 뛰어다닌다. 감각적으로는 어느 정도의 난잡한 움직임을 하고 있는지 느낄 수 있지만 난잡성을 정량화하는 것은 지극히 어려운 기법이다.

그 이유는 난잡성이라고 하는 개념이 입자 1개의 성질로 귀착되는 것이 아니고 입자의 집합체가 되어서 비로소 나타나는 것이기 때문이다. 다만 난잡성과 깊은 관계를 갖는 양에 열이 있다.

온도가 높을수록 입자가 가지는 운동 에너지는 커져서 그 무질서한 운동은 격렬해진다. 따라서 그 집합체의 난잡성도 커지는 것은 당연한 추세이다.

계의 난잡성의 증가는 가해진 열의 양이 크면 클수록 커지고, 또한 계의 온도가 낮을 때일수록 그 영향은 크다. 이 종잡을 수 없는 난잡성의 개념을 처음으로 과학적으로 취급할 수 있도록 수량화한 사람이 독일의 물리학자 클라우지우스(R. E. Clausius)이고 1854년의 일이다.

그는 '엔트로피(entropy)'라는 양을 제안하였다. 어떤 계에 열만 가해지고 그 밖에 아무런 변화도 없을 때에는 가해진 열량을 dQ라 할 때, 계의 엔트로피 S의 증가량[dS: (난잡성의 증가량)]은

$$dS = \frac{dQ}{T}$$

로 나타낼 수 있다. T는 계의 절대온도이다.

자연발생적인 변화는 난잡성이 증대하는 것 같은 방향으로 진행됨을 언급한 바 있는데, 이것을 엔트로피라는 말을 사용해서 나타내면 '자연발생적인 변화는 엔트로피가 증대하는 것 같은 방향으로 일어난다'라고 할 수 있다.

이 관계는 '엔트로피 증대의 법칙'이라 불리고, 앞에서 언급한 에너지 보존의 법칙과 함께 화학의 이론적 기초가 되고 있다.

2. 부패하는 죽은 나무와 자라는 나무

—고립계의 반응

죽은 나무는 차츰 부패하여 이산화탄소와 수증기로 변화해간다. 이것은 자연의 흐름에 따른 것이다. 그러나 한편으로 살아 있는 나무는 자꾸만 커지면 성장한다. 살아 있는 나무는 그 생명력에 의해서 공기 중의 이산화탄소, 흙 속의 물, 미네랄을 원료로 하여 셀룰로오스나 리그닌 등의 고분자 화합물을 만들고 정연하게 배열된 세포를 포개어 쌓으면서 성장한다. 여기서는 난잡성으로부터 정돈으로, 자연의 흐름과는 반대의 방향으로 진행하고 있다. 게다가 이 변화는 자연히 일어나고 있는 것처럼 생각된다.

엔트로피 증대의 법칙에는 예외가 있는 것일까? 그것에 관해 생각하기 전에 화학반응이 어떠한 장소에서 행해지고 있는지 반응계를 정리해 보자. 생각이 떠오르는 대로 주된 반응계를 들어보면 다음과 같은 것이 있다.

1) 고립계

여기서는 그 계로부터 외부로의 물질이나 에너지의 이동도 없고, 부피도 일정하여 부피 변화에 따른 일도 일어나지 않는다. 단열된 밀폐 용기 내에서의 화학반응이다. 우주는 부피가 일정한 고립계라고 여겨진다. 조금 더 작게 한정시켜 태양계도 근사적으로는 하나의 고립계라고 생각할 수 있을 것이다. 지구에는 태양으로부터의 에너지의 유입이 있기 때문에 지구는 고립계로는 될 수 없다. 고립계는 밀폐된 단지(jar) 속에서 일어나는 것 같은 화학반응이다.

2) 폐쇄계

여기서는 압력과 온도가 일정하다. 반응계 안팎으로 물질의 이동이 일어나지 않고 계의 질량은 일정하지만 열의 이동은 일어난다. 발열 반응에서 열은 외부로 도망가고, 흡열 반응에서는 열은 외부로부터 흘러들어 온다. 피스톤으로 단단히 누른 비커나 플라스크 안에 갇힌 반응이 그 대표적인 예이다. 반응에 따라서 부피가 증가되면 피스톤은 올라가고 부피가 감소되면 피스톤을 내려가서 계의 압력은 일정하게 유지된다.

3) 개방계

여기서는 물질의 이동이 자유로이 일어난다는 점에서 고립계나 폐쇄계와 다르다. 개방계에서는 반응에 따라서 생성된 물질은 자꾸만 도망갈 수 있기 때문에 원리적으로는 반응을 100% 완결시킬 수 있다. 우리 주변에서 일어나고 있는 화학반응은 대부분 개방계에서의 반응이다. 개방된 비커나 플라스크 내의 화학반응을 비롯하여 가스의 연소, 금속의 부식, 동물의 호흡작용 등이 모두 개방계에서의 반응이다.

다음에 고립계, 개방계, 폐쇄계의 순으로 고찰해 보자.

일정한 부피의 고립계에서는 항상 계의 난잡성이 증가하는 방향으로 화학변화가 일어난다. 고립계에서 계의 질량은 일정하고 에너지의 전체량도 일정하기 때문에 난잡성의 증가는 계 내에서의 에너지나 질량의 이동에 따라 일어난다.

예컨대 고립계 안에서의 열의 이동은 뜨거운 곳으로부터 찬 곳으로 흐르고 결코 역방향으로는 흐르지 않는다. 즉 온도 차가 있을 때에는 뜨거운 곳에는 큰 운동 에너지를 가진 입자가, 찬 곳에는 작은 운동 에너지를 가진 입자가 나뉘어서 존재하고 있지만 열의 이동에 따라서 양쪽의 입자가 혼합되어 온도는 평균화된다. 그만큼 입자의 난잡성이 증가한 것이 된다.

난잡성은 분자, 원자의 집합 상태에도 관련된다. 설탕의 결정보다 설탕물이 보다 난잡하다. 얼음보다 물이 보다 난잡하고, 물보다 수증기가 보다 난잡하다.

또 식물체의 내부에서는 이산화탄소와 물로부터 글루코오스를 거쳐 녹말이나 셀룰로오스 등의 고분자 화합물이 합성되는데, 이산화탄소나 물이 글루코오스 분자보다 난잡하다. 글루코오스가 사슬 모양으로 연결된 녹말이나 셀룰로오스보다 뿔뿔이 존재하는 글루코오스가 보다 난잡하다.

이와 같이 난잡한 상태로부터 보다 규칙성이 높은 상태로 옮기는 것 같은 화학반응은 고립계에서는 일어날 수 없을 것이나, 실은 태양 에너지를 받아들임으로써 자연의 흐름에 역행하는 방향(난잡한 상태에서 정돈된 상태)으로 반응이 진행되고 있는 것이다. 태양 에너지 등 밖으로부터 에너지의 유입이 없으면 자연계에서 저절로 일어나는 반응은 보다 규칙성이 작은 구조로(보다 난잡한 배열로) 분해되어 간다.

따라서 식물은 수명이 다 되면 시들어 초목은 썩어 없어진다. 그때 부패는 천천히 일어나지만 발열을 수반하고 동시에 이산화탄소, 물, 암모니아 등의 보다 간단한 분자로 분해되어 간다.

부패에 의해서 생성된 이산화탄소나 암모니아 등의 생성물이 우주 전체에서 다른 곳으로 옮겨 갈 수 있는 한 이 부패는 나무가 썩어서 없어질 때까지 계속 진행된다. 이와 같이 실제로 일어나고 있는 변화는 에너지의 흐름(열의 발생)과 난잡성의 증대가 조합되어서 동시에 일어나고 있다.

그러면 살아 있는 나무가 점점 크게 성장하는 현상은 어떻게 생각하면 되는 것일까?

자라고 있는 삼나무에서는 공기 중의 이산화탄소와 뿌리로부터 흡수한 수분과 약간의 미네랄이 잎 속에서 태양광으로서의 에너지를 흡수하여 그 도움으로 규칙성 있는 원자, 분자의 배열을 가진 복잡한 식물체로 변해 간다. 이 과정에서는 분명히 규칙성은 증가된다. 그러나

엔트로피의 법칙─물체는 난잡하게 되는 방향으로 진행한다.

한편 광원(光源)인 태양에서는 핵융합이나 핵분열에 의해서 녹색의 나뭇잎이 빛 에너지를 획득하는 것보다는 훨씬 큰 난잡성의 증대가 있고, 우주 전체로 보면 규칙성은 감소되고 있다. 이와 같이 고립계에 있어서의 화학반응에서는 에너지 변화와 분자의 변화 모두를 통합하여 실질적인 난잡성이 증대되는 방향, 바꿔 말하면 엔트로피 증대의 방향으로 화학변화는 계속 일어나고 있는 셈이다.

조금 더 구체적으로 말하면

1) 발열을 수반하고 보다 간단한 분자가 생기는 반응은 모두 우주의 난잡성을 증가시키는 것이기 때문에 일어날 가능성이 있다.

예컨대 프로판가스, 석유, 석탄 등의 연료가 산소와 결합하여 이산화탄소와 물을 생성하거나, 일회용 회로 속에서 철 가루가 산소와 결합하여 산화철이 되는 것은 그 예이다.

2) 흡열을 수반하고 보다 규칙성이 높은 분자를 생성하는 반응은 모두 우주의 난잡성을 감소시키는 것이기 때문에 자연스럽게 일어날 것 같지 않다.

이 관점에서 보면 삼나무가 성장하는 것은 자연스럽게 일어날 것 같은 반응은 아니지만, 그 이면에는 1)의 반응이 얽혀 있는 것이다. 태양광이 없으면 이 반응은 일어나지 않지만, 가끔 이 고립계의 딴 곳에 삼나무가 획득하는 규칙성 이상으로 규칙성이 감소되는 것 같은 높은 에너지인 광원(태양)이 존재하기 때문에 태양이 내리쬐고 있는 동안 반응은 진행된다.

3) 보다 규칙적인 분자를 생성하는 발열 반응 및

4) 보다 간단한 분자를 생성하는 흡열 반응에 있어서는 출입하는 열량과 난잡성의 효과(엔트로피 변화)의 균형으로 계 전체에서의 난잡성이 실질적으로 증대한다면 실제로 일어날 수 있는 것도 있다.

예컨대 화학적 변화는 아니지만 기체가 응축되어서 액체가 되고 또 액체가 응고되어서 고체가 될 때, 또는 화학반응에 의해서 여러 가지 침전이 생성되는 것은 3)의 경우이다. 기체가 액화되고 액체가 고체로 될 때에는 발열을 수반한다. 프레온 가스를 압축하여 만들 때 발열하고, 액체의 프레온이 증발하여 기체의 프레온으로 될 때 증발열을 흡수한다. 이 현상은 프레온을 사용한 냉난방장치에 이용되고 있다. 용액에서 침전이 생성될 때에도 발열을 수반하는 일이 허다하다.

자연히 일어나는 현상은 고체→액체, 액체→기체로 난잡성이 높아지는 방향이지만, 액체→고체, 기체→액체로 보다 규칙성이 높아지는 방향으로의 변화를 실현하기 위해서는 계의 다른 곳으로부터 에너지의 유입이 필요하다. 이 계에서의 에너지 손실분이 계속 다른 곳으로 가서 거기서 큰 난잡이 생기게 하고, 그 난잡이 액체→고체, 기체→액체에 의해서 획득하는 규칙성을 훨씬 상회하는 난잡성의 증대가 일어나고 있다.

또, 4)의 예로서는 물이나 휘발유의 증발, 소금이나 설탕이 물에 녹는 것 등을 들 수 있다. 이 경우 열을 밖으로부터 흡수하면서 보다 난잡한 상태로 이행하는 것인데, 이 부분에서의 난잡성의 증가가 충분히 크고 에너지(열)를 흡수한 부분을 없앨 만큼의 크기일 때 이러한 현상이 일어난다.

이상을 정리하면 고립계에서의 화학변화는 발열 반응의 경우 그것에 어울리는 만큼의 난잡성의 감소가 없으면 일어날 가능성이 크다. 흡열 반응에서는 그 흡수한 열 에너지가 계의 난잡성의 증가로 없어지지 않으면 일어날 가능성은 없다. 그래서 실제로 볼 수 있는 많은 화학반응은 발열 반응이다.

3. 용광로에서 나오는 철과 녹스는 철

―개방계의 반응

이상 고립계의 반응에 대해서 고찰하여 왔는데, 우리 주변에서 일어나고 있는 화학반응은 대부분 개방계에서의 반응이라고 생각하는 편이 보다 현실적이다. 앞에서 말한 것처럼 개방계에서는 물질이나 에너지의 출입은 자유롭다.

가스레인지에서 프로판가스를 연소시키거나, 일회용 회로가 따뜻해지거나, 시멘트 공장에서 점토와 생석회를 섞어서 가열하여 시멘트를 제조하거나, 용광로에서 철광석과 코크스를 가열하여 선철(銑鐵)을 제조하거나 하는 것도 그 반응이 일어나는 장소에 한정시키면 모두 개방계에서의 반응이다.

고립계나 폐쇄계에서 반응으로 생성된 물질은 계 밖으로 도망갈 수 없기 때문에 100% 완결되는 것은 불가능하다. 이것은 생성물끼리의 충돌으로 역반응이 일어나기 때문이다. 그러한 의미에서 고립계에서는 생성물로부터의 역반응이 격렬해짐과 동시에 발생한 열도 계 밖으로 도망갈 수 없기 때문에 계가 작을수록 반응의 완결도는 나빠진다.

물론 우주와 같은 거대한 고립계에서는 생성물이나 열을 우주의 다른 부분으로 옮겨 갈 수 있기 때문에 반응이 일어나고 있는 부분만을 한정시키면 이곳을 개방계라 생각할 수 있고 반응은 가끔 100% 완결된다.

한편 개방계에서는 반응 생성물도 발생한 열도 계 밖으로 도망가기 때문에 원리적으로는 반응을 완결시킬 수 있다. 예컨대 생석회는 석회석을 고온으로 가열하여 제조한다.

$$CaCO_3(고체) \overset{가열}{\rightleftharpoons} CaO(고체) + CO_2(기체) - 42.5kcal$$

석회석	생석회	이산화탄소
(탄산칼슘)	(산화칼슘)	

폐쇄계에서 이 반응을 행하면 생성된 이산화탄소가 생석회와 재결합하여 탄산칼슘을 생성하는 역반응이 일어나 분배 반응 속도와 재결합 반응의 속도가 같아지는 곳에서 평형 상태가 된다. 그것 이상으로 생석회는 생성되지 않는다. 그러나 개방계에서 반응 용기 속에 공기를 흘려 넣는 등의 방법으로 생성된 이산화탄소를 계 밖으로 추방하면 석회석이 없어질 때까지 분해 반응은 진행된다.

용광로 속에서의 반응도 마찬가지다. 철광석의 주성분은 산화철(Fe_2O_3), 코크스의 주성분은 탄소(C)이다.

앞에서도 언급한 것처럼, 용광로 속에 석회석을 섞은 철광석과 코크스를 서로 번갈아 투입하고 아래로부터 1,200℃로 가열된 공기를 불어넣는다. 열풍(熱風)은 코크스와 반응해서 일산화탄소(CO)를 생성하고,

일산화탄소가 철광석을 환원시켜 철로 만든다. 용융된 철은 노의 바닥에 고여서 밖으로 흘러나온다. 그 반응은 다음과 같이 적을 수 있다.

$$2C \ + \ O_2 \ \longrightarrow \ 2CO$$

탄소(코크스)　　산소(열공기)　　일산화탄소

$$Fe_2O_3 \ + \ 3CO \ \longrightarrow 2Fe \ + \ 3CO_2$$

산화철(철광석)　　　일산화탄소　　　철　　　이산화탄소

용광로에서는 열풍이 격렬하게 노의 하부로부터 위로 흐르고 있어 일종의 개방계이다. 반응에 의해서 생성된 이산화탄소는 신속히 계 밖으로 도망가기 때문에 철광석과 코크스의 공급이 계속되는 한 철이 환원되어 나온다.

용광로의 밖에서 철은 어떻게 변화되는가? 우리가 살고 있는 지구의 대기에는 다량의 산소가 함유되어 있으므로 대기 중에 노출된 철의 표면은 산화된다. 그 극단적인 예가 일회용 회로이다. 철의 표면적을 넓게 하기 위해 철을 분말로 만들고 있다. 공기와의 접촉 면적이 넓기 때문에 단시간에 산화철이 되고 그때의 발열이 이용된다.

대기 중의 산소 압력(0.2기압)은 철과 산화철이 평형으로 공유하는 압력

$$2Fe \ + \ O_2 \ \rightleftharpoons 2FeO$$

철　　　산소　　　산화철

보다 훨씬 높다. 따라서 철은 공기 중에서는 언젠가는 산화철이 된다. 물론 철의 산화 반응에서는 여러 가지 산화철(FeO 외에 Fe_3O_4, Fe_2O_3 등)이 생성되고 또 철이 공기 중에서 녹슬 때에는 수분도 중요한 역할을 하여 복잡한 화학반응 과정을 거치지만 최초의 산화 과정은 앞의 반응식으로 대표할 수 있다.

성장하는 삼나무와 썩어가는 고목도 부분적으로는 개방계라고 생각하는 것이 이해하기 쉽다. 성장하고 있는 삼나무에서는 이산화탄소, 물, 약간의 미네랄, 그것에 태양 에너지를 받아들여 나무가 커지고 동시에 산소를 방출한다. 원료인 이산화탄소, 물, 미네랄, 빛 에너지는 계 밖으로부터 계속 공급되고 태양은 계속 내리쬔다. 또 부산물인 산소는 계속 계 밖으로 도망간다. 이와 같이 하여 삼나무는 수명이 다할 때까지 자란다.

한편 죽은 나무는 공기 중의 산소와 반응하여 이산화탄소나 물을 방출한다. 동시에 반응열도 발생한다. 원료인 산소는 계 밖으로부터 계속 공급되고 생성 물질이나 열 에너지는 계 밖으로 도망간다. 이와 같이 부패는 죽은 나무가 완전히 없어질 때까지 진행된다. 그것은 반응의 생성물, 생성열이 계 밖으로 도망가므로 여간해서 평형에 도달하는 농도로는 되지 않기 때문이다.

4. 에너지는 흔적 없이 사라지지 않는다

화학반응이 왜 일어나는지를 지배하는 중요한 인자로서

(1) 발열을 수반하는지

(2) 계의 난잡성이 증대되는지 아닌지

를 들었다.

그런데 번거롭게도 기체가 관계하는 반응에서는 반응에 수반해서 기체의 팽창·수축의 효과도 고려하지 않으면 안 된다. 개방계나 고립계에서는 기체의 팽창·수축을 염려할 필요는 없으나, 폐쇄계에서는 기체의 팽창·수축에 수반하여 열을 흡수하거나 발생하거나 한다. 즉 부피 변화가 에너지에 관계하기 때문에 반응열을 측정할 때 부피 변화도 고려해야 한다.

물질은 온도가 올라가면 부피가 증가한다. 이것을 열팽창이라 한다. 물도 온도가 올라가면 팽창하지만 물에는 다른 액체에서 볼 수 없는 색다른 성질이 있어 0℃의 물이 얼음으로 바뀔 때에도 부피가 증가한다. 겨울철에 수도관이 얼어서 파열되는 것은 그 때문이다. 유리컵에 끓는 물을 넣으면 깨지는 것은 유리의 열팽창에 의한 것이고, 온도계의 수은

	팽창계수
공기, 산소, 질소 등의 기체	0.0036 (1기압하에서의 부피 팽창계수)
물	0.000207 (부피 팽창계수)
에탄올	0.00112 (부피 팽창계수)
수은	0.000182 (부피 팽창계수)
경질유리	0.0000036 (선 팽창계수)
병유리	0.0000107 (선 팽창계수)

표 8-1 | 열팽창계수

주가 온도 상승과 더불어 늘어나는 것도 수은의 열팽창에 의한 것이다.

그러나 고체, 액체의 열팽창의 크기는 기체와 비교하면 각별히 작다. 주요 물질에 대해서 그 열팽창계수를 〈표 8-1〉에 표시하였다. 열팽창계수란 온도 1℃의 상승으로 1m의 길이, 또는 1ℓ 부피가 얼마만큼 늘어나는지 또는 커지는지를 나타내는 값이다.

일정 부피의 기체를 가열하면 팽창하여 부피가 커진다. 기체의 부피가 커지는 것을 보고 기체가 밖으로 향하여 일을 하였다고 생각할 수 있다. 만일 팽창하려고 하는 기체를 원래의 부피에 가둬 두려고 하면 기체의 압력은 당연히 높아진다.

기체의 온도와 질량이 일정할 때 부피(V)와 그 압력(P)과의 사이에는 'P×V=일정'이라는 법칙[보일(Boyle)의 법칙]이 있다. 즉 기체의 부피는 압력에 반비례한다. 예컨대 1기압 하에서 1ℓ인 기체는 2기압 아래에서는 0.5ℓ가 된다. 이것은 기체의 종류에 관계없이 모든 기체에 적용되는 법칙이다.

한편 기체의 열팽창에 관해서는 '샤를(Charles)의 법칙'이 있어 압력이 일정하면 일정량의 기체가 차지하는 부피(V)는 절대온도(T)에 반비례한다.

절대온도란 −273℃를 0도로 한 온도 눈금으로, 섭씨온도 t(℃) 사이에는 절대온도를 T라고 하면

$$T = 273 + t$$

의 관계가 있다. 절대온도의 단위는 켈빈(Kelvin)이라는 부르고, K로 표시한다. 즉 0℃는 절대온도 273K, 또는 100℃는 373K가 된다. 예컨대 100K에서 1ℓ의 기체는 200K에서는 2ℓ로 팽창한다. 따라서 샤를의 법칙은

$$\frac{V}{T} = 일정$$

이라 나타낼 수 있고 보일의 법칙과 샤를의 법칙을 조합시킴으로써 기체의 부피(V), 압력(P), 절대온도(T) 사이에

$$\frac{P \times V}{T} = 일정\,(K)$$

이라는 관계가 성립되는 것을 알 수 있다.

기체가 관계되는 화학반응에서 발열, 흡열을 수반하는 경우에는 반응이 진행함에 따라서 온도가 상승 또는 하강한다. 그렇게 하면 온도 변화에 수반해서 반응 혼합물의 부피가 증가하거나 감소한다.

만일 일정한 크기의 반응 용기에서 반응이 일어나는 경우 반응 혼합물의 부피는 변화될 수 없기 때문에 압력이 올라가거나 내려가거나 하게 된다. 만일 피스톤으로 출입구를 억누른 반응 용기에서 반응이 일어나는 경우 압력의 변화는 예컨대 이것에 의해서 피스톤을 밀거나 당기거나 할 수 있기 때문에 하나의 일의 에너지라 생각할 수 있다. 따라서 반응열의 출입을 정확히 파악하기 위해서는 기체의 부피 변화까지 고려해야한다.

에너지라고 하는 말은 일상생활에서도 가끔 사용되는 말이지만 눈에 보이는 것도 아니고 매우 추상적인 개념이다. 에너지란 일을 할 수 있는 능력이라고 할 수도 있지만 이 일은 일상생활에서 말하는 일과는 조금 다르고, 어떤 크기의 힘(F)으로 물체를 일정 거리(X미터)를 움직였을 때 일의 크기(W)는

$$W = F \times X$$

로 표시되는 양이다.

에너지에는 여러 가지 형태가 있고 위에서 언급한 것과 같은 일을 하는 에너지는 역학적(力學的) 에너지이지만 이밖에 높은 곳에 있는 물질이 가지는 중력에 의한 위치 에너지, 운동하고 있는 물체가 가지는 운동 에너지, 또는 용수철이 가지는 탄력성에 의한 위치 에너지가 있다. 이 밖에 전기 에너지, 빛 에너지, 열 에너지, 물질이 가지는 화학 에너지 등 에너지는 여러 가지 형태로 모습을 바꾼다.

수력발전은 높은 곳에 있는 물의 위치 에너지를 발전소의 터빈을 회전시키는 운동 에너지로 바꾸고, 터빈의 회전이라고 하는 운동 에너지를 발전기를 통해서 전기 에너지로 바꾸고 있다. 또한 화력발전소에서는 중유를 연소시켜 전기를 일으킨다.

　우선 중유가 가지는 화학 에너지가 보일러는 물을 데우는 열 에너지로 변환된다. 그러나 중유가 가지는 화학 에너지가 100% 수온 상승에 사용되지는 않는다. 굴뚝으로부터 도망가는 연기를 통해서도 열이 도망가기 때문이다. 보일러 속의 물이 가열되고 그 열의 에너지는 수증기의 운동 에너지로, 수증기의 운동 에너지는 발전기의 터빈의 회전 에너지로, 또 회전 에너지는 발전기로 전기 에너지로 바뀐다.

　이와 같이 하여 중유가 가지는 화학 에너지 중 불과 약 40%가 전기 에너지로 바뀐다. 그렇다고 해서 나머지 60%는 사라져 버렸는가 하면 그렇지는 않다.

　전기 에너지로 변환되지 않은 나머지는 발전소의 연돌로부터 연기 또는 발전기의 냉각수로서 대단히 고온은 아니지만 열 에너지의 형태로 버려지고 있다. 또 일부의 에너지는 소음으로서 공기의 진동이라는 운동 에너지의 형태로 도망가는 것도 있다.

　가솔린 엔진은 가솔린이 가지는 화학 에너지를 엔진의 회전력이라고 하는 운동 에너지로 바꾸는 장치이지만, 가솔린이 가지는 화학 에너지의 50% 이하밖에 운동 에너지로 바뀌지 않는다. 나머지 에너지는 열 에너지로서 배기나 엔진의 냉각기에, 또 엔진의 진동이나 소음 등 공기의 진동 에너지로서 사라지는 것도 있다.

이와 같이 에너지는 때와 경우에 따라서 여러 가지 형태로 모습을 바꿀 수 있는 도깨비와 같은 것이다. 그러나 모습, 형태는 바뀌어도 어딘가로 사라져 없어지거나 일순간 새로운 에너지가 탄생하거나 하는 일은 없다. 우주의 전체 에너지는 일정하고, 그 모습과 형태가 시시각각 변화하고 있는 것에 불과하다. 이용되지 않고 버려지는 에너지도 있으나 결코 사라져 없어진 것은 아니다.

이와 같이 에너지가 여러 가지 형태로 모습을 바꾸어도 하나의 독립된 고립계(외계와의 에너지 출입이 없는 계)에서는 여러 가지 에너지의 총합이 일정하게 유지된다. 이것을 에너지 보존의 법칙이라 한다. 다만 한 형태의 에너지가 100% 별개 형태의 에너지로 반드시 변화하는 것은 아니다.

5. 열과 일
―폐쇄계에서의 반응

지금 〈그림 8-1〉과 같은 용기에 프로판과 산소를 넣고 연소시킨 경우를 생각해 본다.

$$C_3H_8 + 5O_2 = 3CO_2 + 4H_2O + 531\text{kcal}$$

프로판　　산소　　이산화탄소　수증기

용기는 피스톤과 같은 것으로 일정한 외압(대기압)을 받고 부피는 자유로이 변화될 수 있다. 또 용기는 자유로이 열을 통하지만 물질은 통하지 않는 것이다. 이와 같은 용기를 열량계라고 하는데 이 계는 폐쇄계이다.

용기는 온도를 일정하게 유지한 수조 속에 가라앉아 일정한 온도로 유지되고 있다. 이러한 용기 속에서 프로판이 연소하였을 때 용기의 부피는 변화하고 또 용기의 벽을 통해서 열이 밖으로 도망간다. 만일 용기 속의 반응이 흡열 반응인 경우는 열이 밖으로부터 용기 속으로 흘러들어 온도가 일정하게 유지된다.

반응이 일어나서 부피가 변화하면 이것은 일로 된다. 왜냐하면 부피

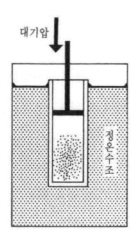

대기압

정온수조

그림 8-1 | 열량계의 구조

변화에 수반하여 피스톤이 상하로 움직이기 때문이다. 부피가 증가되면 피스톤은 밀려 올라가고 부피가 줄어들면 피스톤은 내려간다. 피스톤의 이동이 바로 일이다. 프로판 연소의 경우 0℃, 1기압의 상태로 환산하면 처음에 22.4×(1+5)ℓ의 부피는 연소 후에 22.4×(3+4)ℓ로 증가한다.

압력 P기압 하에서 부피가 ΔVℓ증가하면 P×ΔV 만큼 밖을 향해서 일을 한 것이 되고 역으로 ΔVℓ감소하면 P×ΔV 만큼 이 계는 밖으로부터 일을 받은 것이 된다. ΔV란 부피 V가 변화하였을 때의 변화량을 의미하는 기호이다. ΔV에 부호를 주어 팽창의 경우에는 플러스($\Delta V>0$), 수축의 경우에는 마이너스($\Delta V>0$)라 약속하면 부피 변화에 따라 계가 받는 일의 양 W는

$$W = -P \times \Delta V \ \ (i)$$

이라 적을 수 있다. 즉 계가 받은 일 W는 팽창의 경우 마이너스, 수축의 경우 플러스가 된다.

〈그림 8-1〉과 같은 용기 속에서 일반적으로 화학변화가 일어났을 때 계는 열량 Q와 일 W를 받게 된다. Q에도 부호를 주어 계가 외부로부터 열을 받을 때에는 Q는 플러스 (Q>0), 계가 열을 잃을 때에는 Q는 마이너스(Q<0)라 약속한다.

Q나 W가 마이너스일 때에는 계의 내부 에너지가 변화하여 이 열이나 일로 바뀌었을 것이다.

프로판의 연소에서는 열이 발생하기 때문에 반응 용기를 일정 온도로 유지하기 위해서는 발생한 열을 밖으로 내보내야 한다. 그 열량을 Q kcal라 하면 이 반응계의 시작과 종결의 내부 에너지의 수지는 〈그림 8-2〉에 보여 주는 것처럼

$$\Delta U = U_B - U_A = Q + W \qquad (ii)$$

가 된다. ΔU는 내부 에너지의 변화이고, U_A와 U_B는 각각 반응의 시작 및 종결의 계 내부 에너지의 총합이다.

이와 같이 계 속에 기체를 포함하는 것 같은 화학반응에서는 반응열을 엄밀하게 논의할 때 정온정압 하에서의 열의 출입과 동시에 부피 변화도 고려하지 않으면 안 된다.

만일 반응 용기의 피스톤이 고정되어 있으면 계의 부피 변화는 일어날 수 없기 때문에 일 W는 제로가 된다. 따라서 이 경우 반응 전후의 내

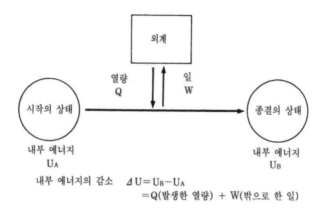

내부 에너지의 감소 $\Delta U = U_B - U_A$

　　　　　　　　　　$= Q(발생한 열량) + W(밖으로 한 일)$

그림 8-2 | 반응에 수반하는 일과 열량의 관계

부 에너지의 변화는

$$\Delta U = Q \qquad (iii)$$

가 된다.

　즉 일정한 부피에서 일어나는 화학반응에서는 반응열 Q는 〈그림 8-3〉에 보여 주는 것과 같이 계의 반응 전후의 내부 에너지의 변화량은 같아진다.

　다시 압력, 온도가 일정한 경우의 반응에 대하여 생각해 본다. 내부 에너지의 변화는

$$\Delta U = Q + W \qquad (iv)$$

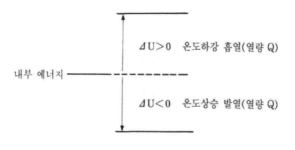

그림 8-3 | 일정 부피 하에서 일어나는 반응의 내부 에너지의 변화

로 나타낼 수 있기 때문에 (i)식을 사용해서 바꿔 적으면,

$$\Delta U = Q - (P \times \Delta V) \qquad (\text{v})$$

가 된다. (iv)식 또는 (v)식은 폐쇄계에서 화학반응이 일어나는 경우, 변화가 일어나기 전후에서 반응계의 에너지 수지를 부여하는 기본식이다.

그런데 여기서 (i)식의 일 $-P \times \Delta V$라는 양은 압력 P가 일정하면 $-\Delta (P \times V)$라고 바꿔 적을 수 있다. 그렇게 하면 (iv)식은

$$Q = \Delta U - W = \Delta U + \Delta (P \times V)$$
$$= \Delta (U + P \times V) \qquad (\text{vi})$$

가 된다. 여기서

$$U + (P \times V) = H \qquad (\text{vii})$$

로 정의되는 양(H)을 엔탈피(enthalpy)라 명명하면 (vi)식은

$$Q = \Delta H \qquad\qquad \text{(vii)}$$

가 된다. 이 관계식 (viii)은 온도, 압력이 일정한 조건에서 화학반응에서 발생하는 열량은 반응 전후의 엔탈피의 변화와 같다는 것을 의미한다.

제6장에서 언급한 암모니아 합성 반응

$$N_2(\text{기체}) \;+\; 3H_2(\text{기체}) \rightarrow 2NH_3(\text{기체}) \;+ 21.95\text{kcal}$$

질소   수소   암모니아

에서 온도·압력이 일정한 조건에서 구해지는 반응열은, 반응 전후의 계엔탈피의 변화, 즉 1몰의 질소 분자와 3몰이 수소 분자가 가지는 엔탈피와 2몰의 암모니아가 가지는 엔탈피의 차(ΔH)에 상당한다고 할 수 있다. 즉 ΔH = 암모니아의 엔탈피×2몰-[(질소 분자의 엔탈피)×1몰+(수소 분자의 엔탈피)×2몰]=-21.95kcal가 된다.

그런데 이 계에서는 0℃, 1기압으로 확산하여 반응의 시작인 22.4×(1+3)=89.6ℓ의 부피가 100% 반응이 진행된다고 가정하면 반응의 마지막에는 22.4×2=44.8ℓ로 감소된다. 그러므로 부피가 감소된 것만큼 외부로부터 일을 받아들이게 된다.

따라서 온도·압력이 일정한 조건하에서 관측되는 발열 반응의 반응열 21.95kcal 속에는 계의 내부 에너지 변화에 상당하는 발열량 (86.84kcal)과 함께 부피 감소에 따라서 외부로부터 받아들이는 일량에

상당하는 열량(1.19kcal)의 합계가 관측된다. 즉

　　발열량 = 계의 내부 에너지 변화량

　　　　　　 + 부피 변화에 따라서 외부로부터 받은 일량

이 된다.

　이와 같이 엔탈피는 압력, 온도가 일정한 조건에서 기체를 포함하는 화학반응이 진행되었을 때 열의 출입과 부피 변화에 따른 일량을 동시에 고려한 계의 내부 에너지의 변화량을 표현한 양이다.

　그래서 엔트로피와 엔탈피를 통틀어 계의 내부 에너지 변화를 생각해 본다. 독일의 물리학자 깁스(Gibbs)는 자유 에너지(또는 깁스 에너지)를 다음과 같이 정의하였다.

$$G = H - (T \times S)$$

　H는 엔탈피, $T \times S$는 엔트로피에 대응하는 양이다. 이 정의에 따르면 온도, 압력이 일정한 조건하에서 화학반응은 자유 에너지가 감소되는 방향으로 진행된다(즉, 엔탈피는 감소되고 엔트로피는 증대된다).

　엔탈피는 부피 변화의 일을 포함한 내부 에너지로 간주할 수 있기 때문에 내부 에너지의 감소와 난잡성의 증대가 화학반응의 추진력에 도움이 되고 있음을 알 수 있다.

　온도, 압력이 일정한 조건하에서 일어나는 기체를 수반하는 폐쇄계

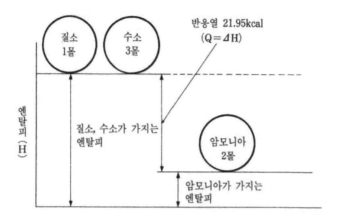

그림 8-4 | 암모니아의 반응열

의 반응에서는 계 밖으로의 물질의 이동은 없고 계 안의 질량은 일정하다. 다만 열의 출입은 일어날 수 있다. 발열 반응이면 발생한 열은 밖으로 도망가서 그 결과 온도는 일정하게 유지된다.

이와 같은 계에서는 자유 에너지가 감소되는 방향으로 반응이 진행된다. 자유 에너지는 G=H-(T×S)의 관계로서 엔탈피(H), 엔트로피(S)와 관계가 있다. 실온 부근에서는 엔트로피의 변화는 엔탈피의 변화에 비하여 작다. 따라서 자유 에너지의 변화는 많은 경우 엔탈피의 변화에 따라서 좌우된다.

온도, 압력이 일정한 폐쇄계에서 실온 부근에서 화학반응은 일반적으로 발열 반응(자유 에너지가 감소되는 방향)이 일어나기 쉽고, 흡열 반응(자유 에너지가 증대되는 방향)은 일어나기 어렵다.

한편 고온에서는 엔트로피 효과($T \times S$)가 커지기 때문에 엔탈피의 변화보다 엔트로피의 변화에 따라서 반응의 방향이 지배를 받게 된다. 예컨대 큰 분자인 물(H_2O)이 보다 작은 분자인 수소와 산소로 분해되는 것 같은 반응,

$$2H_2O \longrightarrow 2H_2 + O_2$$

에서는 난잡성은 증대되기 때문에 엔트로피는 증대된다. 이러한 반응은 고온일수록 일어나기 쉽다는 것을 알 수 있다. 일반적으로 복잡한 분자일수록 고온에서는 불안정하고 분해되기 쉬운 사실은 엔트로피 효과로 설명할 수 있을 것이다.

9장

살아 있는 것의 비밀

— 촉매의 효능

1. 음식물과 생명

우리는 매일 음식물을 먹고 그것에 의해서 살아간다. 또 성장기에는 성장을 하고 성년이 된 다음에도 몸을 유지하면서 살아간다.

음식물이 위나 장에서 소화·흡수되어 혈액의 흐름을 타고 오장육부를 돌아다니는 동안에 피가 되고 살이 된다. 음식물이 피가 되고 살이 되는 것도 화학변화이다. 그렇다고 해서 밥이나 고기나 생선을 플라스크에 넣어 아무리 삶거나 굽거나 하여도 피 한 방울, 살 한 점도 생기지 않는다.

살아 있는 것은 참으로 불가사의한 힘을 가지고 있다. 대장균처럼 작은 단순한 생물에서 사람처럼 크고 복잡한 생물에 이르기까지 생물은 모두 예외 없이 몸 밖으로부터 원료 물질을 거두어들여서 복잡한 분자 구조를 가지는 생물체를 만들어 내고 있다.

예컨대 대장균 등은 글루코오스나 아미노산과 같은 비교적 단순한 구조의 분자를 먹고 훨씬 복잡한 분자 구조의 세포를 증식해 간다. 이것은 분자의 규칙성이 증가(난잡성이 감소)하는 반응이기 때문에 자발적으로는 일어날 것 같지 않은 반응이지만, 먹은 글루코오스나 아미노산의 일부가 산화되어 그때 발생되는 에너지로 규칙성이 증가하는 반응을 진행시키고 있는 것이다.

글루코오스나 아미노산이 산화되어 이산화탄소나 물, 암모니아를 생성하는 반응은 난잡성이 증대되고 또 발열 반응이기 때문에 개방계에서는 자발적으로 계속 진행되는 반응이다. 그때 발생하는 에너지가 새롭게 세포를 만들어 낸다는, 흡열과 동시에 규칙성이 증대되는 반응의 뒷바라지를 하고 있는 것이다.

에너지, 난잡성의 면으로 볼 때는 이러한 원리로 음식물이 피가 되고 살이 되는 화학반응이 일어날 것 같다고 하는 것을 이해할 수 있으나, 그래도 먹은 식품이 어떠한 경로를 거쳐 소화, 흡수되어 피가 되고 살이 되는지에 관해서는 아무런 해답도 얻을 수 없다.

우선 고기에 대하여 생각해 보자. 고기의 주성분은 단백질이다. 그러나 비프스테이크를 먹었다고 해서 비프스테이크의 단백질이 그대로 소화기로부터 흡수되어 우리 몸의 근육이 되는 것은 아니다. 쇠고기의 단백질과 사람의 근육 단백질은 그것들을 구성하는 아미노산의 조상이나 결합의 순서가 다르다.

원래 단백질은 아미노산이 수천에서 수만 개 사슬 모양으로 연결된 고분자 화합물의 집합체이다. 그 아미노산에도 20종류 남짓의 아미노산이 존재하고 있고, 그 아미노산이 사슬 모양으로 연결될 때 서로 다른 아미노산이 연결되는 순서에 따라서 다양한 단백질이 생긴다. 우리 몸은 헤아릴 수 없을 만큼 다수의 세포의 집합체로 구성되어 있고 각각

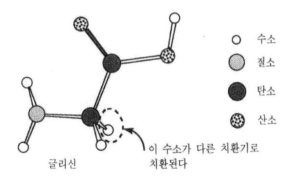

○	수소
●	질소
●	탄소
●	산소

글리신

이 수소가 다른 치환기로
치환된다

의 세포 속에서 새롭게 단백질이 만들어진다.

우리가 먹은 비프스테이크는 소화기 안에서 그 구성 요소인 약 20종의 아미노산으로 뿔뿔이 분해된다. 분해된 아미노산은 소화기에서 흡수되어 혈액의 흐름에 실려 각 세포에 분배된다. 세포에는 세포핵이 있고, 이 핵 속에 어떠한 아미노산이 연결되어 그 세포의 단백질이 만들어지는가 하는 설계도가 유전자로서 계승되어 있다.

각각의 세포는 혈액으로 운반되어 온 아미노산 중에서 설계도에 지시되어 있는 아미노산을 골라내어 가장 끝의 아미노산부터 하나하나 아미노산을 연결하여 하나의 단백질을 완성한다.

그런데 가장 간단한 아미노산에 글리신(glycin)이라고 하는 화합물이 있다. 다른 2종의 아미노산도 글리신의 화학 구조가 기본이 되고 글리신의 탄소에 붙은 2개의 수소 중 하나가 다른 치환기로 치환된 것으로, 예컨대 알라닌은 메틸기(CH_3-)로 치환된 것이다. 다른 아미노산에 대한

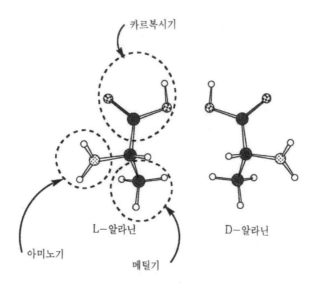

카르복시기

L-알라닌   D-알라닌

아미노기

메틸기

치환기는 〈표 9-1〉에 보여 주는 바와 같다.

알라닌의 경우 어느 쪽의 수소가 메틸기로 치환되는지에 따라서 그 화학 구조에 차이가 생긴다. 보통의 분자식(CH_3CHNH_2COOH)으로는 그 두 가지를 구별할 수 없으나 콩세공 모델에서는 다음 그림과 같이 그 차이를 보여 줄 수 있다. 이 2개의 알라닌은 서로 닮았지만 같지는 않다. 오른손과 왼손의 경우와 같은 것으로 실물과 거울 속의 상(像)의 관계에 있다. 아무리 만지작거려도 이 2개를 서로 포갤 수는 없다.

이 2개의 알라닌은 화학적 성질은 전적으로 같지만 생리작용은 전혀 다르다. 이 2개의 구조를 구별하기 위해 D체, L체라 명명한다.

자연계의 불가사의한 점 가운데 하나는 단백질을 분해하여 얻어지

글리신(glycin)

$$CH_2 - COOH$$
$$\quad | $$
$$NH_2$$

알라닌(alanine)

$$CH_3 - CH - COOH$$
$$\qquad | $$
$$\qquad NH_2$$

류신(leucine)

$$CH_3 - CH - CH_2 - CH - COOH$$
$$\qquad | \qquad\qquad\quad |$$
$$\qquad CH_3 \qquad\quad NH_2$$

프롤린(proline)

$$CH_2 \text{———} CH_2$$
$$|\qquad\qquad\quad|$$
$$CH_2 \qquad CH - COOH$$
$$\quad\backslash\; N\; /$$
$$\quad\; H$$

아스파르트산(aspartic acid)

$$HOOC - CH_2 - CH - COOH$$
$$\qquad\qquad\qquad |$$
$$\qquad\qquad\qquad NH_2$$

글루탐산(glutamic acid)

$$HOOC - CH_2 - CH_2 - CH - COOH$$
$$\qquad\qquad\qquad\qquad |$$
$$\qquad\qquad\qquad\qquad NH_2$$

아스파라긴(asparagine)

$$\qquad\; O$$
$$\qquad\; \|$$
$$H_2N - C - CH_2 - CH - COOH$$
$$\qquad\qquad\qquad\; |$$
$$\qquad\qquad\qquad\; NH_2$$

글루타민(glutamine)

$$\qquad\; O$$
$$\qquad\; \|$$
$$H_2N - C - CH_2 - CH_2 - CH - COOH$$
$$\qquad\qquad\qquad\qquad\; |$$
$$\qquad\qquad\qquad\qquad\; NH_2$$

히스티딘(histidine)

$$HC \text{====} C - CH_2 - CH - COOH$$
$$|\qquad\qquad |\qquad\qquad |$$
$$HN \qquad N \qquad\quad NH_2$$
$$\;\backslash CH /$$

페닐알라닌(phenylalanine)

$$\text{———} CH_2 - CH - COOH$$
$$\qquad\qquad\qquad |$$
$$\qquad\qquad\qquad NH_2$$

표 9-1 | 생체를 구성하고 있는 아미노산

발린(valine)

$$CH_3-CH-CH-COOH$$
$$\ \ \ \ \ \ \ \ |\ \ \ \ \ |$$
$$\ \ \ \ \ \ \ \ CH_3\ NH_2$$

이소류신(isoleucine)

$$CH_3-CH_2-CH-CH-COOH$$
$$\ \ \ \ \ \ \ \ \ \ \ \ \ \ \ |\ \ \ \ \ |$$
$$\ \ \ \ \ \ \ \ \ \ \ \ \ \ \ CH_3\ NH_2$$

세린(serine)

$$CH_2-CH-COOH$$
$$|\ \ \ \ \ \ |$$
$$OH\ \ NH_2$$

트레오닌(threonine)

$$CH_3-CH-CH-COOH$$
$$\ \ \ \ \ \ \ |\ \ \ \ \ |$$
$$\ \ \ \ \ \ \ OH\ \ NH_2$$

시스테인(cystein)

$$CH_2-CH-COOH$$
$$|\ \ \ \ \ \ |$$
$$SH\ \ NH_2$$

메티오닌(methionin)

$$CH_3-S-CH_2-CH_2-CH-COOH$$
$$\ |$$
$$\ NH_2$$

아르기닌(arginine)

$$NH$$
$$\ \|$$
$$NH_2-C-NH-CH_2-CH_2-CH_2-CH-COOH$$
$$\ |$$
$$\ NH_2$$

리신(lysine)

$$NH_2-CH_2-CH_2-CH_2-CH_2-CH-COOH$$
$$\ |$$
$$\ NH_2$$

티로신(tyrosine)

$$HO-\!\!\bigcirc\!\!-CH_2-CH-COOH$$
$$\ |$$
$$\ NH_2$$

트립토판(tryptophan)

$$CH_2-CH-COOH$$
$$\ \ \ \ \ \ \ \ \ \ \ \ \ |$$
$$\ \ \ \ \ \ \ \ \ \ \ \ \ NH_2$$

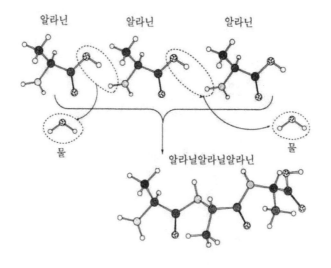

알라닌   알라닌   알라닌

물   물

알라닐알라닐알라닌

그림 9-1 | 펩티드의 생성

는 20종의 아미노산이 모두 L체라는 것이다. 즉 자연체(지구상)에 존재하는 생물의 단백질은 동물성, 식물성을 불문하고 모두 20종의 L체 아미노산으로 구성되어 있다.

이러한 것은 지구상의 생물의 선조가 모두 단지 1종의 생명으로부터 진화해 온 것에 대한 중요한 근거로 되어 있다. 만일 별개의 천체에 별개의 생물이 살고 있다면, 거기에는 D-아미노산으로 구성된 단백질을 가지는 생물이 살고 있을지도 모른다.

어쨌든 이러한 아미노산이 길게 연결된 것이 단백질이다. 그렇다고는 하지만 시험관 속에 두 종류의 아미노산을 넣어 데우거나 식혀도 아

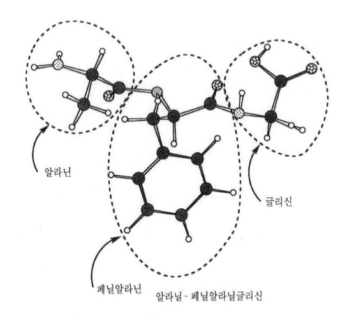

알라닌

페닐알라닌

글리신

알라닐 - 페닐알라닐글리신

그림 9-2 | 펩티트의 일례

무런 변화가 일어나지 않는다.

아미노산은 백색의 분말이기 때문에 고체끼리는 반응 속도가 느리다. 그러면 두 종류의 아미노산의 수용액을 혼합하면 어떨까? 이것으로도 아무 변화가 일어나지 않는다. 그러나 생물체에서는 〈그림 9-1〉에 보여 주는 반응이 매우 간단히 상온에서 진행된다.

즉, 한쪽의 아미노산의 카르복시기와 다른 쪽의 아미노산의 아미노기로부터 물(H-O-H)이 빠지면 2개의 아미노산이 합체하는 것이다. 이러한 결합을 펩티트 결합(peptide bond)이라 부르고, 이 반복에 의해서 수천~수만 개의 아미노산이 사슬 모양으로 연결된다. 이 아미노산의 사슬인 펩티드가 다발로 되어서 모인 것이 단백질이다. 간단한 펩티드의 예로서 알라닐 페닐알라닐글리신(alanyl-phenylalanylglycine)의 분자 구조를 〈그림 9-2〉에 보였다.

효소라는 이름의 촉매

시험관에서는 일어나지 않는 반응이 생체에서는 어째서 진행되는 것일까? 그 비밀이 효소라 불리는 촉매의 존재다.

생체 내에는 세포 속에 아미노산을 결합하여 펩티드 사슬을 연장시켜 가는 펩티드 합성효소가 존재하고 있다. 20종의 아미노산 중 어떤 아미노산을 다음에 결합시키는가 하는 아미노산의 결합 순서는 각각의 생물체가 어버이로부터 계승받은 유전자 속에 그 생물체의 설계도로서 세포핵 속에 수납되어 있다.

세포 내의 단백질 제조 현장에는 이 설계도의 카피(copy)가 준비되어 있어 펩티드 합성효소는 이 설계도를 참조하면서 차례차례 아미노산을 연결하여 간다.

따라서 동일한 것 같은 단백질이지만 인간의 근육과 쇠고기, 물고기 또는 콩의 단백질은 각각 결합하고 있는 아미노산이 배열하는 순서에

유전자라고 하는 설계도를 기초로 효소는 아미노산으로부터 단백질을 만든다

차이가 있다.

아미노산의 결합 반응을 돕는 펩티드 결합 효소는 무수히 존재하고 있는 생체 내 효소의 단지 한 가지 예에 불과하다. 〈표 9-2〉에는 몇 가지 효소와 그 효소가 어떠한 반응의 촉매가 되는지를 보여 주었다.

예컨대 소화의 과정에서는 입속에서 음식물과 타액이 혼합된다. 타액 중에는 음식물을 분해하는 효소가 함유되어 있어 이미 입속에서 음식물의 소화가 시작된다. 위 속에 들어가면 펩신(pepsin)이라는 효소나 위액(염산이 주성분)에 의해서 단백질은 아미노산으로 분해된다.

녹말이나 지방도 각각 가수분해하는 효소가 위에서 분비되어 음식물의 분해가 진행된다. 입으로 들어간 음식물은 이와 같이 하여 위 속에서 대부분 액상이 되어 장(腸)으로 보내지고, 여기서는 담즙산(膽汁酸)이 거듭 이들의 분해를 완벽하게 하여 장으로부터 혈액 속으로

효소의 분류	역할	효소의 실례
펩티다아제 peptidase	단백질의 가수분해	펩신
에스테라아제 esterase	지방의 가수분해	간장 에스테라아제
포스포릴라아제 phosphorylase	녹말 등의 가수분해와 합성	포스포릴라아제 포스파타아제
카보하이드라아제 carbohydrase	자당의 글루코오스와 프룩토 오스의 가수분해	수크라아제
디하이드로게나아제 dehydrogenase	생체 내에서 생체 성분을 탈 수소하여 대사를 도움	글루탐산디하이드로게나아제

표 9-2 | 몇 가지 효소와 그 역할

흡수된다.

생체 내에서 헤아릴 수 없을 만큼의 여러 가지 화학반응이 진행되고 그것에 의해서 생물이 살아가는 것인데, 극단적으로 말하면 각각의 반응에 대응하여 각각의 효소가 존재하고 있다고 해도 된다. 따라서 생체 내에서 작용하고 있는 효소의 종류는 무한이라고 하여도 될 만큼 많다.

효소는 생체 내에서 만들어지고, 자신도 단백질이다. 효소 덕분에 생체 내에서는 상온, 상압, pH 7 부근이라는 온화하고 매우 한정된 조건하에서 많은 반응이 원활하게 행해진다.

효소는 매우 미량으로 화학반응을 100만 배까지도 가속시키는 능력을 가지고 있다. 효소가 없으면 생체 반응은 실제상 거의 일어나지

않는다. 또 효소는 각각 어떤 특정의 반응에만 작용하는 매우 높은 선
택성을 가지고 있다.

2. 효소의 불가사의한 기능

이산화탄소가 물에 용해되면 탄산이 생긴다. 화학반응식으로 적으면

$$CO_2 + H_2O \rightleftharpoons H_2CO_3$$

이산화탄소   물   탄산

가 된다.

생체의 말단 세포에서는 글루코오스가 산화되어 이산화탄소가 생성되고 이것은 세포막을 통하여 혈액에 흡수되어 탄산이 된다. 이때 위의 반응이 일어난다. 이산화탄소는 신속하게 몸 밖으로 배설되지 않으면 안 되기 때문에 위의 반응은 가급적 빨리 진행되어야 한다.

또 혈액으로 받아들여진 탄산은 폐로 보내지고 폐의 세포막을 통해 여기서는 위의 역반응이 신속히 일어나 폐로부터 이산화탄소를 방출하지 않으면 안 된다.

그래서 생체에서는 탄산탈수소효소라는 효소에 의해서 위의 정·역 양방향의 반응 속도가 가속된다. 이 효소에 의해서 반응 속도는 1,000만 배로 가속되어 효소 한 분자는 매초 10만 개의 탄산 분자를 탈수하여

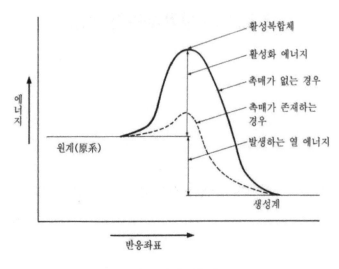

그림 9-3 | 촉매의 기능

이산화탄소로 바꾸고, 또는 이산화탄소에 가수(加水: 물을 더함)하여 탄산
으로 바꾸는 능력을 갖는다.

　반응 속도를 가속한다고 것은 앞에서도 언급한 것처럼 활성화 에너
지를 작게 하는 것이다. 분자의 충돌으로 반응이 일어나지만 어느 정도
크기의 운동 에너지를 가진 분자끼리의 충돌이 일어나지 않으면 반응
은 진행되지 않는다. 그런데 효소가 존재하면 비교적 작은 운동 에너지
를 가진 분자끼리의 충돌에 의해서도 반응이 진행된다. 이것은 효소의
포켓설(pocket theory)로 설명할 수 있다.

　탄산탈수소효소에는 이산화탄소 분자와 물 분자가 서로 인접해서
수용되기 쉬운 포켓이 있다.

이 포켓에 두 성분이 수용만 되면 운동 에너지가 크지 않아도 두 성분의 결합이 일어나기 쉽다. 이와 같이 하여 비교적 작은 활성화 에너지로 이산화탄소와 물의 결합이 일어난다. 또 역으로 탄산이 이 포켓에 수용되면 포켓에 부속된 장치로 이산화탄소와 물의 분해를 돕는다. 효소의 존재로 그 반응의 활성화 에너지가 작아지는 것이다.

효소의 촉매로서의 기능을 〈그림 9-3〉에 나타냈다.

또 별개의 예에서는 과산화수소의 분해를 촉진하는 카탈라아제라는 효소가 알려져 있다.

$$2H_2O_2 \longrightarrow 2H_2O + O_2$$
과산화수소　　　　　물　　　　산소

과산화수소의 분해는 촉매가 없어도 일어나지만 매우 느리다. 촉매가 없을 때에는 그 활성화 에너지가 18kcal이지만, 백금을 촉매로 사용하면 12kcal가 된다. 그러나 카탈라아제라는 효소를 가하면 그 활성화 에너지는 1.4kcal라는 매우 작은 값이 된다. 효소가 얼마나 강력한 촉매인지를 알 수 있다.

또 식물은 이산화탄소와 물을 원료로 하여 태양광의 도움을 받아 글루코오스를 합성하고 있다. 이른바 광합성이라 불리는 반응이다.

$$6CO_2 + 6H_2O \xrightarrow{\text{태양광}} C_6H_{12}O_6 + 6O_2$$
이산화탄소　　　물　　　　　　글루코오스　　　산소

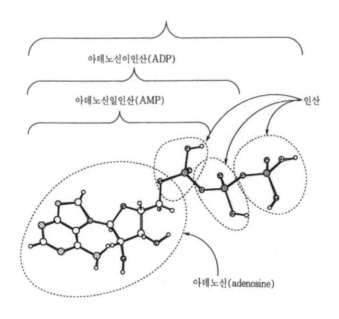

아데노신이인산(ADP)

아데노신일인산(AMP)

인산

아데노신(adenosine)

그림 9-4 | 아데노신삼인산

　1몰의 글루코오스를 합성하기 위해서는 686kcal의 에너지가 필요하다. 이 합성 반응은 동물에서는 불가능하고 고등식물이나 조류(藻類)*, 일부의 세균이 그 합성 능력을 가지고 있는데 이를 위한 에너지로서 태양광이 이용되고 있다. 물론 이 과정에서 수많은 효소가 작용한다.

　이처럼 만들어진 글루코오스를 호기성(好氣性)의 생물에서는 산소에 의하여 완전히 산화하여 그때 방출되는 에너지(글루코오스 1몰당 686kcal)를 생존을 위한 에너지로서 이용한다.

---

* 하등 은화식물의 한 무리. 물속에 살면서 엽록소로 동화 작용을 한다.

$$C_6H_{12}O_6 + 6O_2 \xrightarrow{\text{호흡작용}} 6CO_2 + 6H_2O$$

글루코오스　　산소　　　　　이산화탄소　수증기

이것은 말할 것도 없이 광합성의 역반응이다.

이 과정에서도 또한 수많은 효소가 작용하고 있고 더구나 글루코오스를 단순히 산화해 버리는 것이 아니고, 아데노신삼인산(ATP, 〈그림 9-4〉)이라는 화합물의 형태로 에너지를 화학 에너지로 저장하여 필요에 따라서 그 에너지를 끄집어내는 교묘한 장치를 가지고 있다.

아데노신삼인산은 가수분해에 의하여 아데노신이인산(ADP)과 인산이 된다. 이때 방출되는 화학 에너지가 생체 내에서의 화학 합성, 물질 수송, 근육의 신축 등 가지각색의 생명현상에 이용되고 있다.

이렇게 생체 내에서의 에너지는 〈그림 9-5〉에 보여 주는 것과 같은 흐름에 따르고 이것에 의해서 생물이 계속 살아간다.

이러한 효소 반응에 있어서 효소의 작용을 받는 반응물질은 자주 기질(基質)이라 불린다. 효소의 최대 특징은 기질에 대한 선택성이다.

이 선택성은 자주 열쇠와 열쇠 구멍의 관계에 비유된다. 앞에서도 말한 것처럼 극단적으로 말하면 하나하나의 반응에 각각의 효소가 존재한다고 말해도 된다. 융통성이 없는 것은 열쇠와 열쇠 구멍의 관계와 꼭 같다고 생각된다. 한편 효소의 기질에 대한 선택성이 왜 높은가 하는 것은 오랫동안 수수께끼였다.

그러나 최근 효소에 관한 연구에 진행됨에 따라 그 수수께끼가 차츰

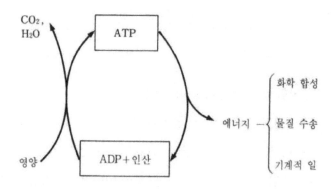

그림 9-5 | 생체계에서의 에너지의 흐름

풀리게 되었다. 그 결과 효소가 가지는 기질에 대한 높은 선택성을 기질특이성이라 부르고, 매우 높은 기질선택성을 갖는 효소로부터 상당히 넓은 범위의 기질에 대해서도 작용하는 비교적 융통성 있는 효소까지 여러 가지가 있다는 것이 밝혀졌다.

그리고 효소의 기질특이성은 앞에서 말한 포켓설에 의해서 설명할 수 있다. 즉 포켓의 형태가 기질의 화학 구조에 대응하고 있다는 것이다. 게다가 포켓 부근에 장치가 있어 포켓에 수용된 기질의 반응을 돕는 것이다. 〈그림 9-6〉에 효소의 기질특이성의 모델을 보였다.

효소 자신은 단백질이고 단백질의 긴 고분자가 실뭉치처럼 서로 얽혀서 그 속에 포켓이 만들어져 있다. 그 포켓의 형태는 기질이 수용되기 쉬운 형태로 만들어져 있고(결합 부위), 또 그 포켓에 수용된 기질의

ATP로부터 에너지가 해방되는 메커니즘

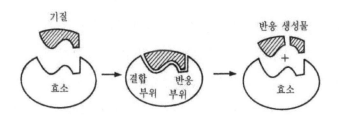

그림 9-6 | 효소의 기질특이성을 보여 주는 모델.
기질과 효소의 관계는 열쇠와 열쇠 구멍에 비유된다

반응을 돕는 장치(반응 부위)가 포켓의 부근에 붙어 있다.

효소에 대한 기질의 결합과 기질끼리의 반응이 각기 별개의 곳에서 일어나는 것이 효소가 높은 반응가속성과 선택성을 아울러 갖는 이유이다. 앞에서도 언급한 것처럼 생물체가 살아가기 위해서 생체 내에서 일어나는 반응은 거의 모두 효소의 촉매작용의 도움을 받고 있다.

3. 우리 주변에서도 이용되고 있는 촉매

효소는 훌륭한 촉매이기는 하지만 효소를 생체로부터 끄집어내면 쉽게 변질하여 효소의 기능을 상실해 버린다. 또한 효소는 생물체 안에서 생산되는 것으로 복잡한 구조의 단백질이기 때문에 이것을 시험관이나 플라스크 안에서 합성하는 것은 거의 불가능하다.

그러나 효소 중에서 생물체로부터 끄집어내도 비교적 안정한 효소도 있다. 예를 들어서 녹말을 가수분해하여 말토오스(maltose: 물엿의 감미 성분)로 만드는 아밀라아제라는 효소가 있다. 아밀라아제는 맥아나 누룩곰팡이에 포함되어 있기 때문에 맥아나 누룩곰팡이에서 아밀라아제를 끄집어내어 이것들을 이용해서 물엿을 공업적으로 만들고 있다. 효소의 공업적 응용의 한 예이다.

효소의 기능은 앞에서 언급한 것처럼 큰 단백질의 뒤얽힘 속에서 결합 부위나 반응 부위의 단백질이 촉매기능을 발휘하고 있다는 생각에서 이들 기능만을 인공적으로 합성한 합성효소를 만들려는 시도도 있으나, 그 촉매기능은 천연효소의 발밑에도 미치지 못하는 것이 현실이다. 그러나 많은 화학 공업에서 어떤 목적의 화학물질을 합성하는 경우

특정 화학반응만 신속히 진행시키는 촉매가 수없이 개발되어 공업적으로 응용되고 있다.

예컨대 제5장에서 언급한 설탕의 가수분해에서 수소 이온의 촉매작용은 그 한 예이다. 또 다른 예를 들면 과산화수소의 분해 반응도 철 이온의 촉매작용으로 촉진된다.

$$2H_2O_2 \longrightarrow 2H_2O + O_2$$

과산화수소　　　　물　　　산소

과산화수소가 카탈라아제라는 효소로 현저하게 빨리 분해되는 것은 앞에서 언급한 대로이지만 철 이온도 카탈라아제 만큼은 아니나 촉매작용이 있다.

촉매가 없을 때 과산화수소의 분해는 다음과 같은 경로를 거친다.

$$H_2O_2 \longrightarrow 2H_2O \cdot \qquad (i)$$

과산화수소　　　　하이드록시 라디칼

$$HO \cdot + H_2O_2 \longrightarrow H_2O + HOO \cdot \qquad (ii)$$

하이드록시 라디칼　　과산화수소　　　물　　퍼하이드록시 라디칼

$$HOO \cdot + H_2O_2 \longrightarrow O_2 + H_2O + HO \cdot \qquad (iii)$$

퍼하이드록시 라디칼　　과산화수소　　산소　　물　　하이드록시 라디칼

이 일련의 반응에서 생성되는 하이드록시 라디칼 및 퍼하이드록시 라디칼은 어느 것도 불안정한 중간체이다. 또 (i)~(iii)의 반응 중에서 가장 느린 반응은 (i)의 반응인데, 그 이유는 과산화수소가 2개의 하이드록시 라디칼로 나누어지므로 여분의 에너지를 필요로 하기 때문이다.

이와 같이 단계적으로 연속해서 일어나는 반응의 경우, 전체의 반응 속도가 가장 느린 반응의 반응 속도에 의해 지배되는 것은 이미 언급한 대로이다.

(i)의 반응은 매우 느리기 때문에 30% 과산화수소는 냉장고에 넣어 두면 반년에서 1년 정도는 보존할 수 있을 정도이다. 그러나 제1철 이온(Fe^{2+})이 존재하면

$$Fe^{2+} + H_2O_2 \longrightarrow Fe^3 + OH^- + HO \cdot$$

과산화수소와 위의 식에 따라 반응하여 하이드록시 라디칼이 쉽게 생성되기 때문에 전체의 반응이 촉진된다.

이러한 메커니즘으로 철 이온(Fe^{2+})이 존재하고 있으면 (i)의 반응이 촉진된다. 바꿔 말하면 (i)의 반응의 활성화 에너지가 철 이온이 존재하지 않는 경우와 비교해서 작아져서 (i)의 반응이 일어나기 쉬워진다.

이러한 촉매는 물에 용해된 형태로 수용액 중의 화학반응을 촉진하기 때문에 균일계(均一系) 촉매라 한다.

이에 반해서 앞에서(제6장) 암모니아 합성 반응에 대하여 언급한 촉

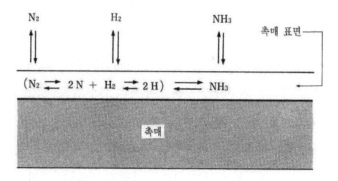

그림 9-7 | 불균일 촉매상에서의 암모니아 합성반응

매는 기체의 화학반응에서 고체의 촉매가 반응을 촉진시키기 때문에 불균일계(不均一系) 촉매라 한다.

암모니아 합성 반응은

$$N_2 + 3H_2 \Longleftrightarrow 2NH_3$$

질소　　수소　　암모니아

로 나타낼 수 있으나 촉매 표현에서 일어나고 있는 반응은 복잡하다. 앞에서 언급한 소반응(135쪽)을 그림으로 나타내면 〈그림 9-7〉과 같이 된다.

질소 가스는 촉매 표면에 흡착되어 여기서 원자 상태로 해리된다. 수소 가스도 촉매 표면에 흡착되어 마찬가지로 원자 상태로 해리된다. 원자 상태의 질소와 수소로부터 암모니아가 생성된다. 여기까지의 과정은 모두 촉매 표면에 흡착된 상태에서 일어나고, 마지막으로 촉매 표면으로부터 암모니아가 가스 상태로 탈리(脫離)한다.

이러한 반응의 진행 방식은 암모니아 합성 반응에 한정되지 않고 많은 불균일계 촉매 반응에서 일어난다는 것이 알려져 있고, 이 흡착이론을 최초로 제안한 연구자의 이름을 따서 랭뮤어-힌셜우드(Langmuir-Hinshelwood)의 반응 기구라 불리고 있다.

오늘날 우리 주변에는 다양한 합성섬유나 플라스틱류가 공급되어 생활을 편리하고 풍요롭게 하고 있으나 이들 합성섬유나 플라스틱류도 대부분은 바닷물(산소, 수소, 염화나트륨), 공기(산소와 질소), 석유(탄소와 수소)를 원료로 하여 합성된 화학물질이다.

그리고 이들 원료로부터 몇 단계인가의 화학반응을 반복하여 차츰 복잡한 분자 구조의 최종 제품이 만들어지는 것인데, 각 단계마다 불균일계 또는 균일계의 촉매가 많이 이용되고 있다.

어떤 화학반응의 공정이 공업적으로 성립되는지는 첫째로 그 목적에 적합한 촉매의 발견에 성공하는지 아닌지에 달려 있다고 해도 과언이 아니다.

특정의 반응만을 우선적으로 일으키는 촉매

촉매는 그 반응의 활성화 에너지를 낮추어서 목적하는 화학반응을 주어진 조건하에서 일어나기 쉽게 하는 경우에만 중요한 것은 아니다.

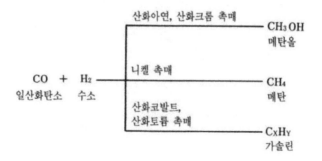

산화아연, 산화크롬 촉매 ── CH₃OH 메탄올

CO + H₂ ── 니켈 촉매 ── CH₄ 메탄
일산화탄소 수소

산화코발트, 산화토륨 촉매 ── CₓHᵧ 가솔린

그림 9-8 | 일산화탄소로부터 유도되는 화합물

같은 조건하에서 몇 가지 상이한 반응이 일어날 가능성이 있을 때 그 중 하나의 반응만을 우선적으로 일으키는 기능도 가지고 있다. 이것은 화학반응의 선택성을 높이는 작용이고 촉매의 기능으로서 최근 주목받고 있다.

일산화탄소는 석유, 석탄, 도시가스 등이 산소 부족 상태에서 불완전 연소를 할 때에 발생하는 유독 가스이다. 해마다 순간온수기나 목욕용 가스 솥의 불완전 연소로 발생한 일산화탄소에 의한 중독사 사고가 보도된다.

일산화탄소는 이처럼 매우 위험성이 큰 독가스이기는 하지만 수소와 반응하면 여러 가지 유익한 화학물질이 생긴다.

이때 일산화탄소와 수소를 어떠한 촉매의 존재 하에서 반응시키는지에 따라서 생성되는 화합물이 달라진다(《그림 9-8》).

크롬, 아연의 화합물로 만든 촉매를 사용하면 메탄올이 생긴다. 니켈 촉매로는 주로 메탄이 생긴다. 코발트, 토륨의 산화물을 촉매로 하면 가솔린(탄소 5~8의 탄화수소의 혼합물)이 생긴다.

이와 같이 각각의 촉매에 선택성이 있어 촉매를 바꾸는 것만으로 일산화탄소와 수소처럼 간단한 화합물로부터 여러 가지 유기 화합물을 만들 수 있다.

촉매는 우리 주변에서도 자주 이용되고 있다. 예컨대 자동차의 배기 가스에 의한 환경오염이 사회문제가 된 이래 배기가스 질의 규제가 엄 격하게 행해졌다.

자동차 배기가스의 주성분은 이산화탄소와 수증기 및 공기이지만 가솔린의 불완전 연소 결과, 유기물(가솔린이 타고 남은 것) 및 유독한 일 산화탄소가 함유되어 이것들이 대기 오염의 원인이 된다.

이 때문에 자동차 배기관 소음기의 엔진 쪽에 촉매통(백금을 주성분으 로 하는 고형 촉매)을 붙여 이 속으로 고온의 배기가스를 통과시켜서

$$\text{유기물} + O_2 \xrightarrow{\text{촉매}} CO_2$$
$$\phantom{\text{유기물} + {}} \text{산소} \qquad \text{이산화탄소}$$

$$CO + O_2 \xrightarrow{\text{촉매}} CO_2$$
$$\text{일산화탄소} \quad \text{산소} \qquad\quad \text{이산화탄소}$$

의 반응을 일으켜 유해 성분을 이산화탄소로 변화시키는 것이다. 이때

산소는 배기가스 중에 함유된 공기가 이용된다. 촉매로서는 백금계의 화합물이 사용되기 때문에 폐차 해체 시에 이 촉매는 회수되어 백금은 재활용되고 있다.

백금회로 속에도 백금 촉매가 사용되고 있다. 백금회로 속에는 솜에 벤젠(benzene)이 함유되어 있다. 벤젠은 가솔린과 같은 휘발성이 높은 석유의 일종이다. 벤젠의 증기가 백금흑(白金黑: 미크론 수준의 백금 미립자)을 붙인 아스베스토스를 넣은 주둥이의 쇠붙이 쪽으로 나온다. 벤젠에 불을 붙이면 한꺼번에 타오르지만 백금의 촉매 작용에 의해서 벤젠의 증기가 백금 촉매에 접촉한 부분만 공기로 산화되어 뜨겁게 된다.

백금 촉매에 의한 벤젠의 산화 반응은 실온에서는 일어나지 않기 때문에 처음에는 외부에서 가열해 주어야 하지만, 산화 반응 자체는 발열 반응이기 때문에 산화가 시작되면 자연히 발열하므로 외부로부터의 가열은 필요 없다.

이와 같이 하여 용기 내의 벤젠의 증발이 계속되는 한 천천히 산화가 일어나서 장시간 따뜻하게 할 수 있다.

밀폐된 실내에서 석유난로를 사용하면 독특한 등유 냄새가 나서 싫은 생각이 들었는데 최근의 석유난로에서는 그 냄새가 거의 나지 않게 되었다. 이것은 난로의 연소용 주둥이의 쇠붙이 부분에 불꽃의 위를 덮는 형태로, 금속성의 망이나 코일이 부착되어 있는 부분에 악취 발생 방지의 비밀이 있는 것이다.

이 금속망(網) 또는 금속선(線)의 코일은 특수한 합금으로 되어 있어 이것이 촉매의 역할을 하고 있는 것이다. 이 촉매의 기능으로 등유는 완전히 연소하여 악취가 나오지 않게 된다.

후기

　BLUE BACKS 편집부로부터 화학반응에 대하여 집필 의뢰를 받은 지 벌써 몇 년이 지났다.

　집필 의뢰를 받았을 때 이것은 상당히 어려운 문제가 주어진 것이라 생각하고 망설였다. 화학이 전공이 아니거나 화학의 초심자인 독자에게 어째서 물질의 화학변화가 일어나는지를 설명하는 것은 극히 어려운 기법인 것처럼 생각되었기 때문이다.

　간단히 말해, 물질의 화학변화 과정이 화학반응이다. 내버려 두어도 자연히 변화가 일어나는 경우도 있고 억지로 변화를 일으키는 경우도 있다. 그리고 어느 정도의 속도로 변화가 진행되는지, 물질의 변화는 어느 정도까지 진행되는지 등 그와 같은 반($\ddagger$) 정량적인 논의가 이루어지다 보면 엔탈피, 엔트로피, 자유 에너지 등의 개념을 언급하지 않을 수 없다. 엔탈피, 엔트로피 등은 학생들에게 '악몽'이다. 그렇다고 해서 이것을 회피해서는 화학반응의 논의가 진척되지 않는다.

　한편 엔탈피, 엔트로피를 내세워 겁을 주고 논의를 시작하면 정확한 논의는 할 수 있으나 이야기는 무미건조해진다.

이 책에서 예상되는 독자가 화학이 전문이 아니거나 화학의 초심자라는 것을 생각하면, 다소 논지가 엉성해도 물질 변화의 과정을 대략적으로나마 이해하도록 하는 편이 바람직하다. 그렇게 함으로써 이 책의 출판 목적의 태반은 달성될 것이라고 단정 짓기로 하였다.

물리화학의 전문가 입장에서 보면 "화학반응이란 이렇게 종잡을 수 없는 논의로는 도저히 설명할 수 있는 것이 아니야"라고 반론이 나올지도 모르지만 대강은 비슷하게 설명이 된 것으로 생각하고 있다.

그러한 필자의 노력에도 불구하고 이 책의 내용은 화학이 전문이 아닌 독자로서는 이해하기 힘든 점이 많이 있다고 생각한다. 이해하기 힘든 부분은 건너뛰어 읽어나가기 바란다. 그래도 삼라만상을 구성하고 있는 물질의 화학변화가 어떠한 과정으로 진행되어 가는지 어렴풋이나마 이해가 되었다면 다행이겠다.

이 책의 삽화는 필자와 오랜 세월 단짝이었던 공학박사 가타야먀 요시키(片山佳樹) 씨의 노작(勞作)이다. 또한 워드프로세서로 원고의 정서를 담당하였던 비서인 에비하라(蛯原) 도모 부인과, 출판에 즈음하여 신세를 진 고단샤 과학도서 출판부의 야나기다 가즈야(柳田和哉), 이다타니 요이치(板谷洋一) 두 분에게 깊이 감사를 드린다.

우에노 게이헤이